地球龙族图鉴

DRACOPEDIA
FIELD
GUIDE

〔美〕威廉·奥康纳◎著
孙亚南◎译

北京科学技术出版社

WILHELMVS OCONNORI

ARTIFEX NATVRÆ

DRACOPEDIA

sive

HISTORIA, LEXICON,
SYSTEMA NATVRÆ, ET

DRACONES DE MVNDO

ILLVSTRATO

前　言

艺术家威廉·奥康纳开始创作本书不久便于2018年初溘然长逝，令本社员工深感震惊和悲痛。此前，威廉已创作过5本书，与他合作过的人均对他的逝世表示惋惜。我们永远怀念他。

我们要在此感谢杰夫·门杰斯。在我们按照威廉的构想继续创作本书的过程中，杰夫给予了宝贵的帮助，同时还邀请威廉的多位同事和友人参与其中。我们也要对杰夫的夫人琳内·门杰斯表示感谢。在本书的创作过程中，琳内鼎力相助，对书中的文字进行了校对。

衷心感谢以下人士为本书提供插图：萨曼莎·奥康纳、汤姆·基德、斯科特·费希尔、多纳托·詹科拉、丹·多斯桑托斯、马克·普尔、大卫·O. 米勒、杰里米·麦克休、帕特·刘易斯、杰夫·门杰斯、克里斯蒂娜·迈什卡和理查德·托马斯。

我们向威廉的家人和朋友致以最美好的祝愿。威廉在《地球龙族图鉴》这本书中创造了一个龙族世界，这个世界令人叹为观止。我们永远都不会忘记这位奇幻艺术家及他创作的富有想象力的精美作品。

诺埃尔·里韦拉

北极光影响图书出版社（North Light & IMPACT Books）内容总监

目　录

05 | 巨龙 41

06 | 龙兽 77

07 | 多头龙 87

08 | 蛇怪 97

09 | 北极龙 107

10 | 古龙 119

11 | 羽蛇 129

12 | 乘龙 137

13 | 双足飞龙 145

DRACOPEDIA
地球龙族图鉴

条纹翼蛇 Striped Amphiptere
铅笔素描+数字绘画
36厘米×56厘米

01 翼蛇 AMPHIPTERE

概　述

生物学特征

翼蛇是常见的龙族生物，无腿，有翼膜。它们大小不一，花园翼蛇仅长15厘米，有的翼蛇却长达183厘米。由于双翼似蝙蝠翼，翼蛇可进行长途飞行，但它们不像鸟类一样翱翔，通常在自己的领地上进行短距离飞行和滑翔。不同的翼蛇身体颜色差异很大。它们主要以昆虫、蝙蝠、鸟类和老鼠等小型动物为食。

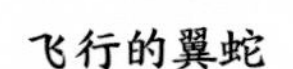

飞行的翼蛇
翼蛇虽然会飞，却很少被误认为鸟类。它们的尾巴弯曲有致，很有辨识度，同时也是捕捉猎物的主要武器。

栖息地
翼蛇一般栖息在幽深的丛林里，但也有一些生活在城市中。

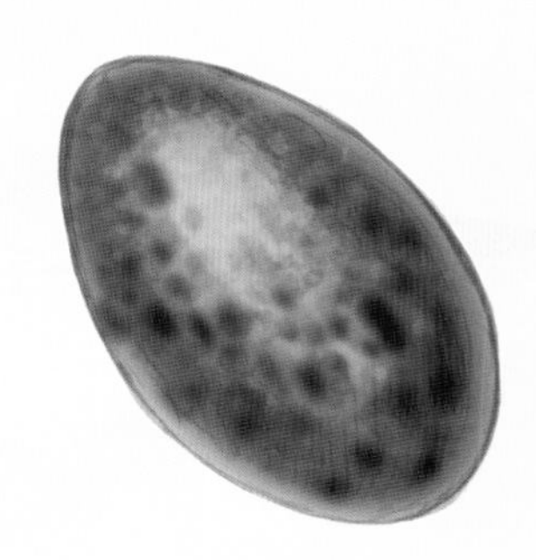

翼蛇蛋，
长10厘米
翼蛇会在高高的树上建造巢穴，但有时也会占用鸟类的巢。

翼蛇有上百种，且大小、颜色、外形迥异，遍布全世界，是龙族中最为常见的野生物种。

除爱尔兰之外，各温带国家和热带国家都有翼蛇。如今，人们通常将翼蛇当作宠物饲养。花纹奇特、外形漂亮的翼蛇比较少见，在马来西亚和印度的黑市很受欢迎，主要被走私到欧洲和北美洲。

行为模式

翼蛇大部分时间都生活在森林中，它们将巢穴筑在树木的高枝上，于树木间滑翔穿梭，捕捉昆虫和小型啮齿动物。因此，大多数农民都很欢迎翼蛇的到来。然而，有些翼蛇会潜入鸟巢偷吃鸟蛋，或与鸡舍中的鸡杂交，生出半蛇半鸡的生物，这些生物俗称鸡身蛇尾怪。世界各地都将鸡身蛇尾怪视为祸害，见之必除。鸡身蛇尾怪外表可怕，在神话传说中，它凝视猎物即可将其变成石头，也因此被错误地归为蛇怪（见第96页）的近亲。

历史

历史上人们对翼蛇的评价毁誉参半，如今人们却对其产生了极大的误解。翼蛇以有害动物为食，在城市中很受欢迎，纽约市便有许多翼蛇在高楼大厦的楼顶生活。市区有不计其数的老鼠，翼蛇捕食它们，有助于遏制通过老鼠传播的疾病的蔓延。

鸡身蛇尾怪
鸡身蛇尾怪由翼蛇和鸡杂交而来。

缠在树枝上的翼蛇
翼蛇身形细长，可以将尾部缠在树枝上以便突袭猎物。

燕尾翼蛇

SWALLOWTAIL AMPHIPTERE

燕尾翼蛇尾巴分叉，因此辨识度很高，常见于农村地区。对人类而言，它们既有益处也有害处，虽然捕食啮齿动物，但偶尔也捕食小型家畜。

Amphipterus viperacaudiduplexu

翼　　展：2米
分布地区：温带地区
识别特征：独特的分叉的尾巴、粗黑的条纹、后向鼻角
栖 息 地：农村地区
食　　物：昆虫、小型哺乳动物和爬行动物
别　　名：田间魔鬼、飞奔者
濒危等级：无危

火翼蛇

FIREWING AMPHIPTERE

火翼蛇尾部有竖起的小翼。它们行动极为灵活，可在某些物种无法活动的狭小空间里穿行，速度很快，堪称神出鬼没。

Amphipterus viperapennignus

翼　　展：1.5米
分布地区：亚洲
识别特征：鲜艳的长头冠、匙形尾巴
栖 息 地：茂密的丛林
食　　性：真正的食腐动物
别　　名：烈火
濒危等级：易危

蛾翼蛇

MOTHWING AMPHIPTERE

蛾翼蛇即使在休息时也很少收起双翼，往往会像飞蛾一样展开双翼，它们的名称便由此而来。喜热是蛾翼蛇的一种习性。

Amphipterus viperablattus

翼　　展：30厘米
分布地区：亚洲北部和斯堪的纳维亚半岛
识别特征：始终展开的双翼
栖 息 地：灌木丛、不太茂密的森林
食　　物：昆虫、小型啮齿动物、鱼类
别　　名：红鞭子、扑翅蛇
濒危等级：近危

花园翼蛇

GARDEN AMPHIPTERE

花园翼蛇是最为常见的龙族生物，分布广泛，几乎可在任何地方繁衍生息。它们是农村地区或郊区最常见的翼蛇，花纹和翼的形状大同小异。

Amphipterus viperahortus

翼　　展：30厘米
分布地区：几乎遍布全世界
识别特征：锯齿状尾翼、喙状嘴
栖 息 地：林区
食　　物：昆虫、小型啮齿动物
别　　名：灰玫瑰、锯齿钩翼
濒危等级：无危

火神翼蛇

VULCAN AMPHIPTERE

火神翼蛇喜欢在海拔较高的多岩石地区建造巢穴，最早被发现于西西里岛埃特纳火山的山坡上，它们名称中的vulcan（火神）也是volcano（火山）这个词的词源。它们虽然经常出现在火山附近，但只是受那些地区的松散岩石吸引，而不是火山活动。

Amphipterus viperavulcanus

翼　　展：2.5米
分布地区：非洲西海岸和地中海地区
识别特征：深红色的身体、弧形巨翼
栖 息 地：海拔较高的多岩石地区或林地
食　　物：哺乳动物、爬行动物和鸟类
别　　名：红月亮、血天使
濒危等级：濒危

星芒翼蛇

STARBURST AMPHIPTERE

星芒翼蛇生活在海边，口鼻部细长，常在沙滩上挖食贝类，但是偶尔也捕食鱼类，因此会给渔民造成困扰。星芒翼蛇长着小小的前向鼻角，它们可以用其敲破蛋壳、撬开贝壳。

Amphipterus viperacometus

翼　　展：1.2米
分布地区：太平洋地区
识别特征：对比鲜明的红色和象牙色身体、细长的口鼻部
栖 息 地：沿海地区，有时会附着在船上
食　　物：贝类、鱼类、鸟蛋
别　　名：火精灵、低吟者、红色挖掘者
濒危等级：近危

条纹翼蛇

STRIPED AMPHIPTERE

条纹翼蛇常见于林区，经常和猛禽争夺森林中的小型啮齿动物，极少数情况下这种食物争夺战会演变成激烈的领地争夺战。

Amphipterus viperasignus

翼　　展：1米
分布地区：全球温带地区
识别特征：双翼表面由前至后逐渐变浅的红色条纹、逐渐变细的尾巴、两根尾刺
栖 息 地：森林、田野
食　　物：小型啮齿动物
别　　名：棘尾、条纹
濒危等级：无危

黄金翼蛇

GOLDEN AMPHIPTERE

黄金翼蛇双翼宽阔，身形庞大，可以长途飞行。它们虽然数量稀少，却在世界各地出没，敢于飞越辽阔的平原、绵延的山脉乃至海洋。

Amphipterus viperaurulentus

翼　　展：3米
分布地区：南美洲和中美洲
识别特征：明亮的金黄色
栖 息 地：灌木丛、农田
食　　物：小型哺乳动物
别　　名：麦翼
濒危等级：极危

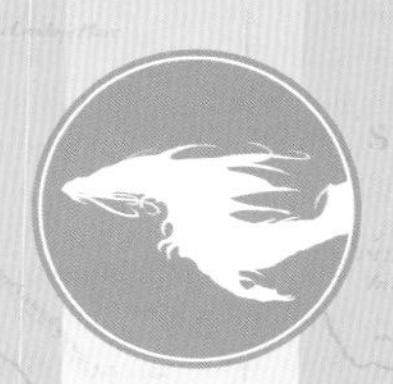

02 亚洲龙 ASIAN DRAGON

神殿龙TEMPLE DRAGON
铅笔素描+数字绘画
36厘米×56厘米

概　述

生物学特征

亚洲龙种类繁多，身形细长似蛇，生有四肢和卷尾。亚洲龙的独特之处在于它们没有巨龙和乘龙那样专门用来飞行的附肢，所以如龙兽般属于陆生龙；但它们拥有独特的褶翼，可以在空中滑翔或“游弋”，所以具备一定的飞行能力。

亚洲龙的颜色、大小和外形五花八门，它们的栖息地也多种多样，从喜马拉雅山脉到越南的丛林。

亚洲龙的头部
亚洲龙通常用龙须感知近处的动静。

由于亚洲龙和北极龙有一些相似之处，许多亚洲龙经常被错误地归为北极龙。犯这样的错误是可以理解的，因为在亚洲，亚洲龙和北极龙的部分栖息地是相同的，在亚洲的古典艺术作品中两者也经常被混淆。然而，亚洲龙和北极龙迥然不同。前者没有毛，也不在北极圈以内的地方生存；后者不具备前者的滑翔能

栖息地
竹林是亚洲龙的理想栖息地，但是现在竹林逐渐减少，亚洲龙的栖息地因此缩减。

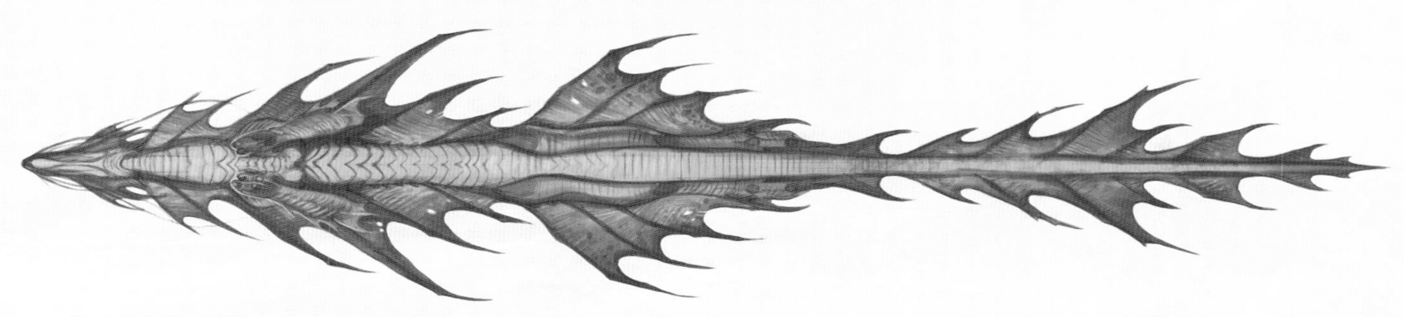

神殿龙（腹面观）
图中可以清楚地看到亚洲神殿龙的褶翼。

力，也没有卷尾。

亚洲龙大多是杂食性动物，主要食物为水果、竹子和肉类。生活在亚洲北部的亚洲龙会在冬季迁徙到气候比较温暖的地区。

行为模式

虽然种类繁多，但亚洲龙喜欢在荒无人烟的丛林中独居。生活在亚洲密林中的亚洲龙以小型动物和水果为食，体长可达9米，与其竞争顶级捕食者地位的主要是老虎等大型猫科动物。亚洲龙动作敏捷，力量强大，身形细长似蛇，可以像古龙一样将敌人紧紧缠住，并用四肢上的利爪攻击敌人。它们牙齿锋利，有些还能喷出具有腐蚀性的毒液来击退敌人。亚洲龙喜欢隐居，生性害羞，所以对人类的危害性并不大，伤人事件寥寥无几。

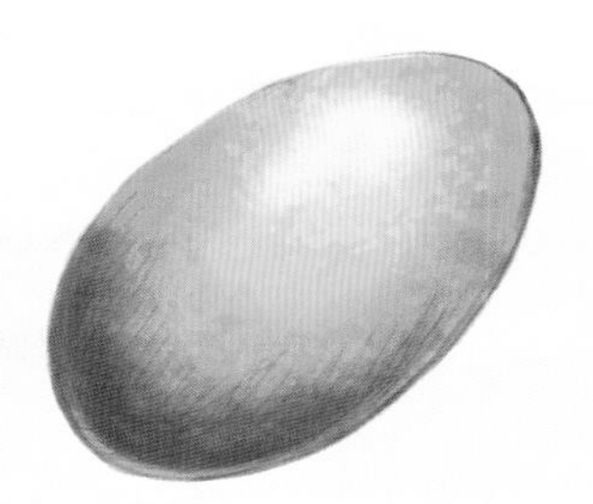

亚洲龙的蛋，
长20厘米
蛋壳颜色均匀，有的是较深的象牙色，有的是古意十足的金黄色。亚洲龙的蛋被尊为神物。

历史

亚洲龙外形美丽优雅，许多东方国家都对其崇拜有加。亚洲各国的绘画、建筑、服饰和手工艺品上均有大量亚洲龙形象，许多图书馆和博物馆中有相关文献可供查阅。

在亚洲文化中，盆景龙和富士龙等较小的亚洲龙常伴帝王和大将军左右，因此有较长的人工养殖历史。

如今，亚洲龙受到保护。在欧洲和美洲，私自喂养亚洲龙属于违法行为。

然而，非法喂养和非法斗龙活动都使亚洲龙走私贸易有利可图。用亚洲龙开展斗龙活动的传统可追溯到几个世纪之前，以世界龙族保护基金会为首的龙族保护信托财团现已开始联手遏制斗龙活动和亚洲龙走私活动，已有无数亚洲龙因此获救。

玉龙
JADE DRAGON

神殿龙
TEMPLE DRAGON

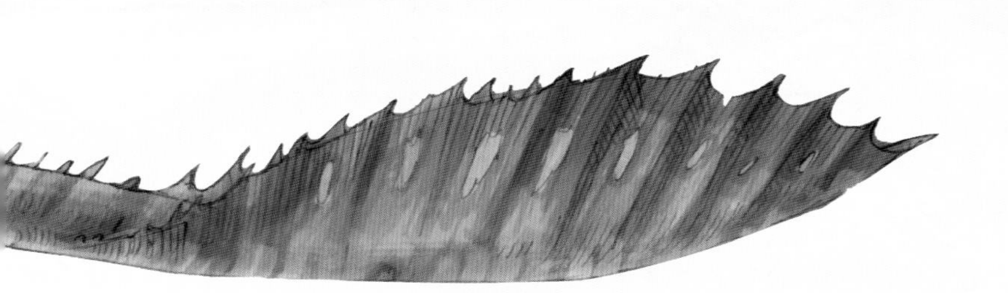

Cathaidaus rangoonii

体　　长： 91 厘米
分布地区： 东南亚
识别特征： 细长的翠绿色身体、明显的褶翼、绿色的斑点
栖 息 地： 山区丛林和雨林
食　　性： 杂食性
别　　名： 仰光蛇、矿工龙
濒危等级： 极危

玉龙体形小，曾经遍布东南亚，比如柬埔寨、泰国和缅甸等国，数千年来被当成采玉工的福星。大规模的玉石开采导致玉龙的生活环境遭到破坏，亚洲已建立了多个龙族保护区来保护濒临灭绝的玉龙。

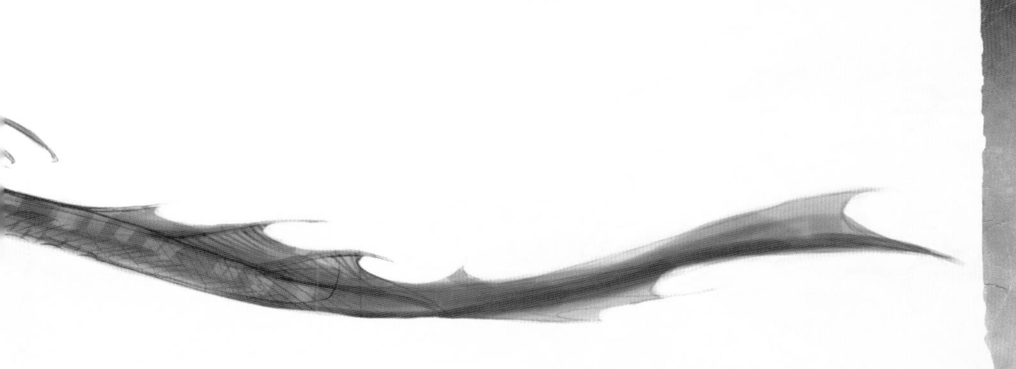

Cathaidaus dracotemplum

体　　长： 9 米
分布地区： 南亚和东南亚
识别特征： 奇异的行动方式
栖 息 地： 山林、寺院、神庙、修道院
食　　性： 杂食性
别　　名： 缎带龙
濒危等级： 极危

自有历史记载以来，神殿龙便一直与人类密不可分，它们对艺术作品的影响可以追溯到几千年前。有人认为，几个世纪前曾有一群数量庞大的龙族生物在南亚的一座寺院里繁衍，从而有了我们今天所知的神殿龙。

盆景龙

BONSAI DRAGON

盆景龙体形极小，在亚洲被作为宠物广泛饲养，现在已在野外灭绝。它们在亚洲是地位的象征，至今仍然受到新兴上层阶级的青睐。野生的盆景龙身上只有斑驳的土色花纹，而人工养殖的盆景龙身上有多种颜色和花纹。

Cathaidaus penjingus

体　　长： 36厘米
分布地区： 亚洲
识别特征： 较小的体形、不规则的褶翼
栖 息 地： 森林、竹林
食　　性： 杂食性
别　　名： 小老鼠、盆景
濒危等级： 野外灭绝

帝王龙

IMPERIAL DRAGON

自中国唐代以来，帝王龙便被尊为神兽，如今的帝王龙就是那些皇室喂养的龙族的后代。尽管最近有报道称云南苍山出现了野生帝王龙，但这些报道的真实性基本没有得到证实。

Cathaidaus wangdii

体　　长：2米
分布地区：中国
识别特征：深红色的身体、高高的背脊、双褶翼
栖 息 地：森林
食　　性：杂食性
别　　名：血卫
濒危等级：野外灭绝

朝鲜龙

KOREAN DRAGON

朝鲜龙善于攀爬，是名副其实的森林龙，会在高高的峭壁或树顶上寻找有利位置以观察周围可能存在的威胁。在林区出没的朝鲜龙曾被旅人误认为树林里的幽灵，但它们现在已濒临灭绝，很少有人见到。

Cathaidaus goguryeoyongii

体　　长： 1.2米
分布地区： 东亚
识别特征： 土灰色的身体、叶状褶翼、醒目的蓝绿色头冠
栖 息 地： 森林、海拔较高的山区
食　　性： 杂食性，食物包括鼩鼱、鼹鼠、野兔和蝙蝠等体形较小的哺乳动物
别　　名： 韩龙、高句丽龙
濒危等级： 极危

喜马拉雅龙

HIMALAYAN DRAGON

喜马拉雅龙是亚洲龙中少数依然在野外繁衍的物种之一，部分原因是其栖息地十分偏远、荒凉。

1999年，尼泊尔在希-佛克桑多国家公园建立了保护区。喜马拉雅龙在这座国家公园里自由自在地生活，海拔较高的山区也依然可见其踪迹。在漫长的冬季，喜马拉雅龙会躲藏起来，进入半冬眠状态，等到温暖的春日来临时才成群出现。

Cathaidaus shephoksundus

体　　长：1.5米
分布地区：中国、尼泊尔
识别特征：头部和腹部的双褶翼
栖 息 地：亚高山森林
食　　性：杂食性
别　　名：睡龙、盗梦龙、谢普科蓝龙
濒危等级：濒危

灵龙

SPIRIT DRAGON

白色的灵龙曾一度被认为只存在于神话中。到了19世纪末，欧洲探险家才在亚洲腹地发现其存在。灵龙通常躲着人类，因为最近在中尼边境的雪山现身，相关研究才有所进展。与近亲喜马拉雅龙不同的是，灵龙总是藏身于栖息地的白雪和白云间，数个世纪以来，出现的次数也屈指可数。

富士龙

FUJI DRAGON

神出鬼没的富士龙很罕见，在野外极为稀少，几近灭绝。它们的独特之处在于活的富士龙只在日本富士山的山坡上出现过，这对于喜欢密林的亚洲龙来说很不寻常。富士龙体形极小，可以在岩石嶙峋的低海拔火山地区捕食小型哺乳动物、昆虫和爬行动物。攀登富士山的朝圣者都以能目睹罕见的富士龙为傲，认为它们的出现是吉兆。

Cathaidaus yamadoragonus

体　　长：41 厘米
分布地区：日本
识别特征：黑色和蓝色的斑点、明显的龙角（雄性）
栖 息 地：山区
食　　性：杂食性
别　　名：将军龙、山龙
濒危等级：濒危

Cathaidaus jingshenlongus

体　　长：3米
分布地区：中国
识别特征：突出的大片尖状褶翼、由白至暗青灰的体色
栖 息 地：白雪覆盖的山区
食　　性：不明
别　　名：精神龙、鬼龙
濒危等级：极危

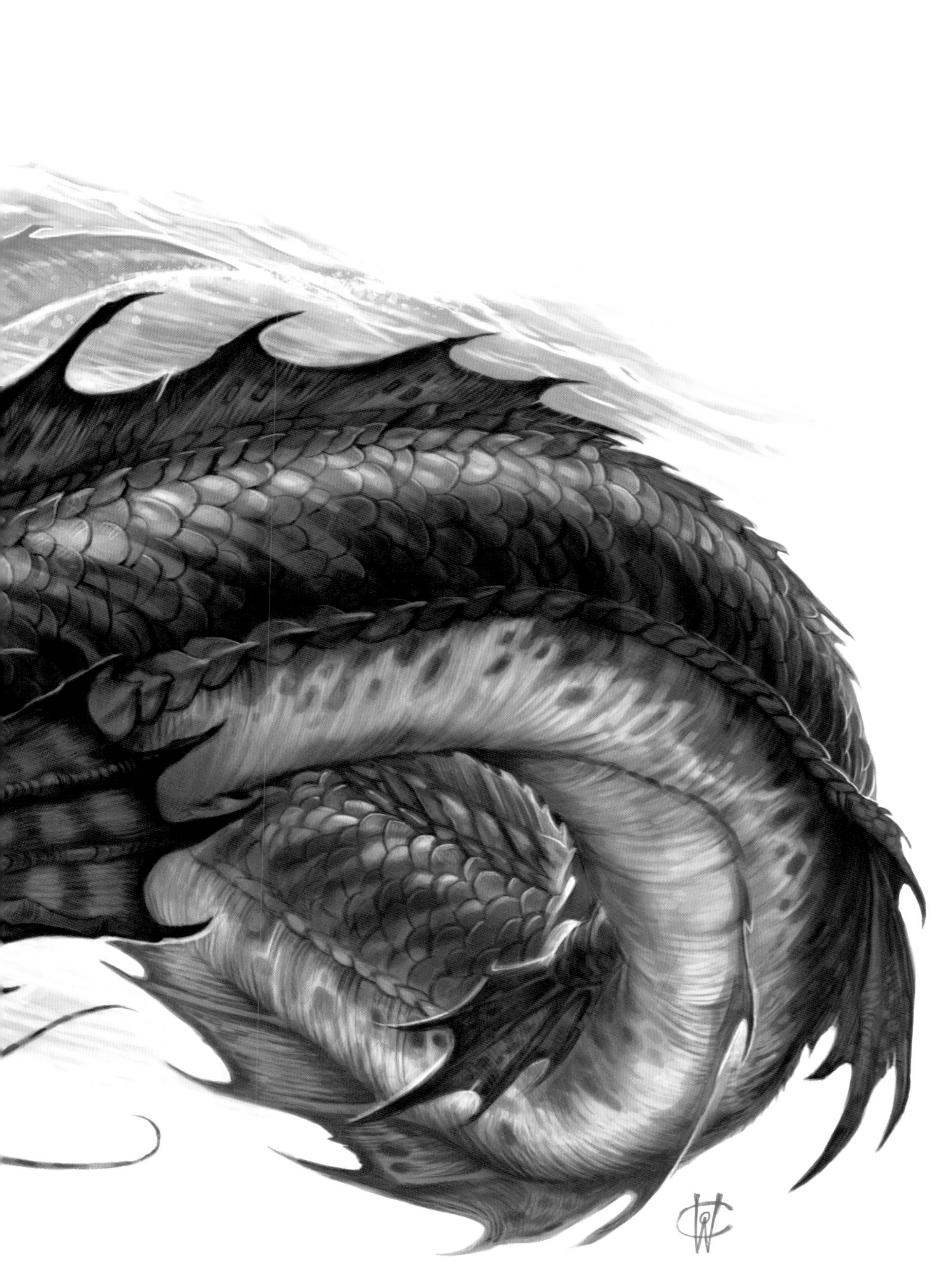

耶梦加德 JORMUNDGANDER
铅笔素描+数字绘画
36厘米×56厘米

03 海怪 SEA ORC

概　述

生物学特征

海怪是在数百万年前由陆生龙演化而来的，主要分为两种：龙鳗科为蛇形海怪，身躯庞大，据说最长可达91米；海哺乳科体形较小，更接近陆生龙，一般体长约15米。

海怪的蛋

尽管海怪的颜色和长相各异，但它们的蛋没有什么显著差别，通常很难区分。

由于地球表面约70%都是水，海怪成了数量和种类最多的龙族动物，有文献记载的就有几十种，其中有些几近灭绝，还有些至今无人得见。海怪主要以鱼类、海豹、贝类等海洋生物为食。雌海怪每年产蛋一次，多产在岸边或浅滩处。在产蛋期间，它们很容易受到伤害，这也是成年海怪死亡的主要原因。刚出生的幼海怪体形极小，但很快就会长大。

海怪与海洋哺乳动物相似，演化出了游泳器官，但必须回到海面呼吸。这些海中的龙是庞然大物，头颅巨大，力大无比，连海洋中个头儿最大的鲸鱼和乌贼都可轻松捕食。它们长牙互相交错，最常捕食鱼类。海怪能够下潜到海洋中极深的地方，是大王乌贼、抹香鲸和大型鲨鱼的天敌。

栖息地

这样平静的沙滩附近很可能藏着大量海怪。

行为模式

大西洋海怪的栖息地位于大西洋北部海域，从马萨诸塞州的科德角延伸至爱尔兰海和挪威的峡湾。海怪在冬季向南迁徙，到达巴哈马群岛，占领猎场。自15世纪起便有咸水海怪袭击北大西洋航线上船只的报告。人们认为，被大西洋海怪袭击是一些船只在百慕大三角神秘失踪的原因。大西洋中的法罗海怪在19世纪和20世纪遭到大肆捕杀，几近灭绝，现在已十分罕见，因此被列为濒危物种加以保护。

耶梦加德的头部

耶梦加德可能是体形最大的龙族生物，也是许多传说故事的主角。

历史

海怪英文名中的orc源自拉丁文orcus，意思是“鲸”和“地狱”，虎鲸的英文名orca也是由此而来。最著名的海怪当属尼斯湖水怪，是一种苏格兰的海怪。意大利文艺复兴时期的著名诗人阿里奥斯托所著长篇传奇叙事诗《愤怒的奥兰多》中也有类似的描述：少女安杰莉卡和奥林匹娅即将被献祭给苏格兰斯凯岛的海怪，英雄奥兰多将船锚塞进海怪嘴里，拯救了两位少女。有些海洋生物学家认为远古神话中著名的北海巨妖也是一种海怪，但北海巨妖实际上是一种巨型乌贼。庞大的海中怪兽利维坦也经常被误认成海怪，但利维坦实际上属于鲸类动物。

世界上最大的咸水海怪的标本现收藏于英国格林尼治的国家海事博物馆，该海怪体长69米，于1787年在爱尔兰海由坚韧号护卫舰捕杀。

耶梦加德
JORMUNDGANDER

数个世纪以来，耶梦加德一直出现在传说中。人们曾一度认为这种神秘的海怪已经灭绝或仅仅存在于神话中。1927年，一具长达61米的耶梦加德尸体被冲到西班牙的海岸上，才证实了它们的存在。耶梦加德与法罗海怪有亲缘关系，大部分时间都生活在海洋中极深的地方，捕食乌贼等深海生物。耶梦加德十分罕见，至今还没有在野外目击这种海怪活动的记载。龙族生物学家认为，海怪中只有耶梦加德在海洋中产蛋，其幼崽可能在水中孵化。那些蛋和刚出壳的幼崽很容易遭到捕食，导致耶梦加德数量日益稀少。

苏格兰海龙
SCOTTISH SEA DRAGON

Cetusidus orcidius

体　　长： 12～21米
分布地区： 北大西洋、苏格兰、冰岛和斯堪的纳维亚半岛
识别特征： 弯曲有致的细长脖颈、用来游泳的大型鳍肢、背部突出的褶鳍
栖 息 地： 温度较低的深水
食　　物： 小型鱼类、植物
别　　名： 尼斯湖水怪、冠军、奥古普古、拉加尔湖水怪
濒危等级： 近危

Dracanquillidus jormundgandus

体　　长：152米
分布地区：全球冷水水域、暖水水域
识别特征：蓝绿色的身体、头部明显的褶鳍
栖 息 地：深海
食　　物：乌贼、鲸类动物
别　　名：雷神克星、耶梦
濒危等级：极危

苏格兰海龙虽然属于半咸水海怪，但也会出现在内陆的淡水湖中，在附近的水体间迁徙。它们在陆地上很容易受到伤害，所以只能在夜色的掩护下上岸。这种行为模式导致某些龙族生物学家认为它们与海狮龙的亲缘关系比与其他海怪的更近。苏格兰海龙喜欢隐居，通常会避免与体形较大的动物接触，主要以植物和小型鱼类为食。人们曾一度认为苏格兰海龙早已灭绝，但最新证据显示，还有一小群苏格兰海龙存在于温度较低的水体中。

海狮龙
SEA LION

没有人会将海狮龙与哺乳动物海狮混为一谈，世界各地的浅水区和沿海地区均有海狮龙存在。与一生都在水中生活的海怪不同，海狮龙喜欢岩石犬牙交错的海岸，喜欢在岩石间和洞穴中安身、捕食和产蛋。它们力量强大，大嘴像狮子的一样，可以咬穿木船、咬断船桨，它们几乎对水中万物都能造成威胁。

Cetusidus leodracus

体　　长： 5米
分布地区： 世界各地
识别特征： 强有力的前肢、独特的尖背鳍、明显的条纹
栖 息 地： 岩石海岸
食　　性： 肉食性
别　　名： 海巫、刻特阿
濒危等级： 无危

锤头海怪
HAMMERHEAD SEA ORC

这种具有攻击性的大型海怪生活在世界上的大部分海洋中，数个世纪以来一直祸害渔民，从北美洲到欧洲，吞食了数量巨大的鳕鱼等食用鱼。19世纪，它们因遭到大肆捕杀而成为罕见物种，20世纪70年代被列为濒危物种。

锤头海怪，顾名思义，头似锤。龙族生物学家对它们独特头冠的功能进行了各种推测，有人认为头冠是在交配期用来吸引异性或捕食时用来攻击猎物的。但是最新研究发现，锤状头冠中有大量感觉器，在捕食时可以探测到8千米外的猎物。

Dracanquillidus malleuscaputus

体　　长： 8米
分布地区： 北大西洋
识别特征： 硕大的锤状头冠、细长似鳗的尾部
栖 息 地： 海洋
食　　性： 肉食性
别　　名： 十字镐、回力镖、锚头
濒危等级： 濒危

褶鳍海怪

FRILLED SEA ORC

数百年来，这种具有攻击性的美丽深水海怪一直都是渔民梦寐以求的猎物。如今，珍贵海怪游钓活动极为盛行。在日本，褶鳍海怪肉的价格甚至比等重的黄金的还要高。虽然1995年颁布的《世界渔业法》以及世界龙族保护基金会都试图保护这些动物，但偷猎者依旧在无人监管的水域对其进行非法捕捞。如今，褶鳍海怪和条纹海怪等龙族生物人气颇高。随着《钓龙高手》等电视节目的播出，以海中龙族生物为对象的海钓活动风靡全球。

Dracanquillidus segementumii

体　　长：9米
分布地区：北大西洋
识别特征：细长的口鼻部、明显的褶鳍
栖 息 地：深海
食　　性：肉食性，多吃沙丁鱼和鲭鱼
别　　名：蓝海龙
濒危等级：濒危

法罗海怪

FAEROE SEA ORC

法罗海怪曾经在整个大西洋水域都很常见，但是如今它们主要出现在挪威和格陵兰岛之间的水域的北部。以前，人们多在法罗群岛附近目睹其踪迹，它们的名称便由此而来。

直到20世纪初，斯堪的纳维亚半岛上的某些渔村还在每年的祭祀典礼上供奉法罗海怪。如今，这种海怪已经受到保护。近几十年，它们的踪迹有所减少。

Dracanquillidus faeroeus

体　　长：61米
分布地区：大西洋
识别特征：细长似蛇的身体
栖 息 地：深海
食　　性：肉食性
别　　名：埃格德之蛇、魔鬼的尾巴
濒危等级：濒危

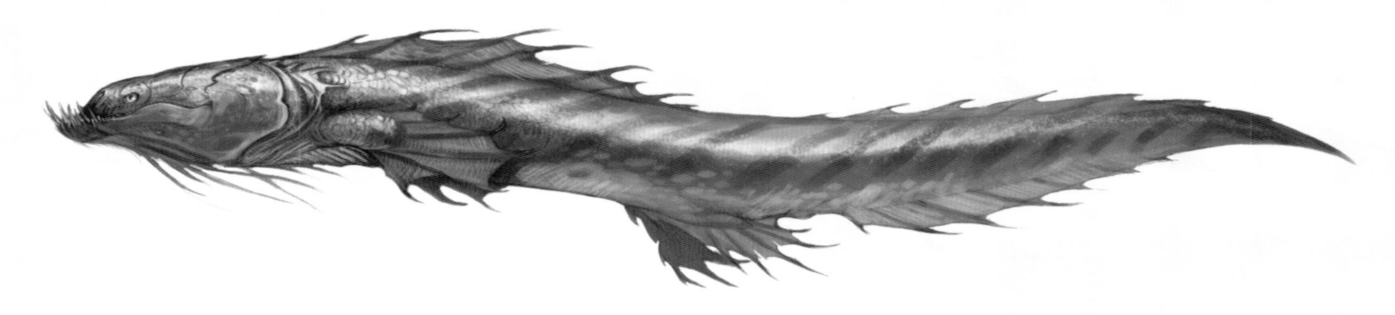

电海怪

ELECTRIC SEA ORC

在海怪中，电海怪属于少数生活在淡水里的物种之一，它们与鳗鱼为近亲，也可以通过电击麻痹猎物。这些恐怖的龙族生物体形巨大，曾经电死过水牛那样的庞然大物。住在其栖息地附近的人类时常遭到电海怪的致命攻击。

Dracanquillidus electricus

体　　长： 4米
分布地区： 亚马孙河和非洲撒哈拉以南的河流
识别特征： 矛状嘴、多彩的体色
栖 息 地： 较浅的淡水河和淡水湖
食　　性： 肉食性
别　　名： 闪电鱼、特斯拉线圈
濒危等级： 易危

飞海怪

FLYING SEA ORC

飞海怪是龙族中最常见、体形最小的海怪，经常成群活动，人们经常能看到成千上万的飞海怪聚集在一起。数个世纪以来，它们都被错误地归为鱼类，但它们其实是由那些喜欢到海中觅食的陆生龙自然演化而来。尽管在大西洋和太平洋的热带和亚热带水域遭到大量捕捞，飞海怪目前还是龙族中为数不多的濒危等级为“无危”的物种之一。每年都有大批飞海怪上岸产蛋，它们的蛋既是一些动物的食物，也是人类的食材，经常被用来做寿司等美味佳肴。

Dracanquillidus fluctusalotorus

体　　长： 41厘米
分布地区： 南太平洋和南大西洋
识别特征： 鳍状翼
栖 息 地： 热带和亚热带水域
食　　性： 肉食性
别　　名： 波浪龙、飞龙鱼
濒危等级： 无危

条纹海怪

STRIPED SEA ORC

Dracanquillidus marivenatorus

体　　长：8米
分布地区：南太平洋
识别特征：独特的绿色和粉色条纹
栖 息 地：暖水水域
食　　性：肉食性
别　　名：海虎、青环蛇王
濒危等级：易危

许多龙族生物学家都认为条纹海怪是龙族中最危险的物种之一。这种海怪速度很快，擅长捕猎，生活在澳大利亚附近温暖的南太平洋暖水水域，以鱼类、海豹和其他海中龙族为食。条纹海怪生就一张血盆大口，可以对大型猎物展开突袭，甚至可以咬死鲸鱼那样的庞然大物。

蝠鲼海怪

MANTA SEA ORC

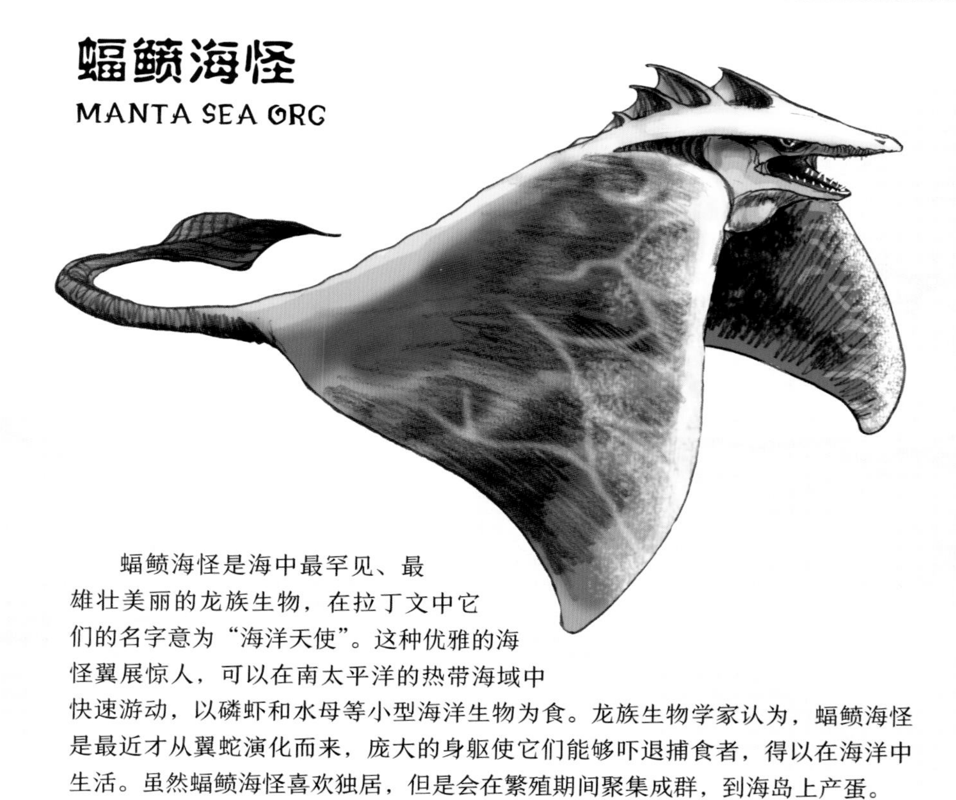

Dracanquillidus oceanusangelus

体　　长：4米
分布地区：南太平洋
识别特征：宽大的翼状鳍、布满皮肤的白色血管
栖 息 地：热带海域
食　　性：肉食性
别　　名：兜帽海怪、暗夜斗篷、海洋天使
濒危等级：极危

蝠鲼海怪是海中最罕见、最雄壮美丽的龙族生物，在拉丁文中它们的名字意为“海洋天使”。这种优雅的海怪翼展惊人，可以在南太平洋的热带海域中快速游动，以磷虾和水母等小型海洋生物为食。龙族生物学家认为，蝠鲼海怪是最近才从翼蛇演化而来，庞大的身躯使它们能够吓退捕食者，得以在海洋中生活。虽然蝠鲼海怪喜欢独居，但是会在繁殖期间聚集成群，到海岛上产蛋。

04 精灵龙 FEYDRAGON

帝王精灵龙 MONARCH FEYDRAGON
铅笔素描+数字绘画
36厘米×56厘米

概 述

生物学特征

凡是家里有花园的人对精灵龙都不陌生。尽管它们的外形和名字使人产生重重误解，但精灵龙并非昆虫，而是龙族生物。它们的前肢演变成了双翼，后肢上生出了长长的爪，可以擒抓猎物和抓握细枝。

精灵龙飞行时看起来并不像龙，反而像昆虫或蜂鸟，它们拍动翅膀的速度极快，能够像直升机一样在空中盘旋和悬停。精灵龙所拥有的两对翅膀能够让它们悬停在空中时随意改变头的方向。

精灵龙的蛋，长1厘米
精灵龙的蛋很小，比一颗花生米大不了多少。精灵龙一次可以产许多蛋，但大部分都会被天敌吃掉。

精灵龙的爪
趾细长，以便抓住细枝。

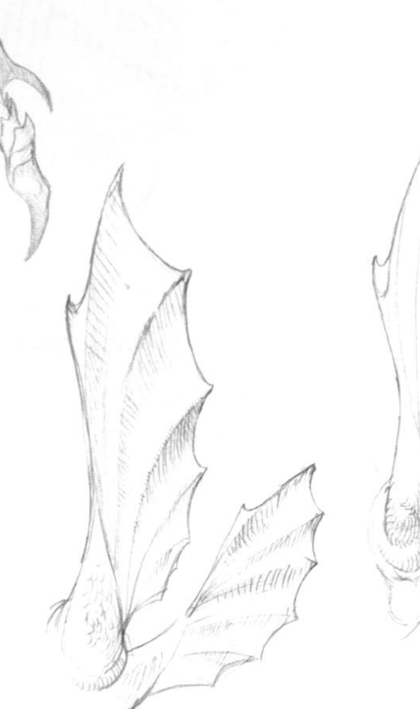

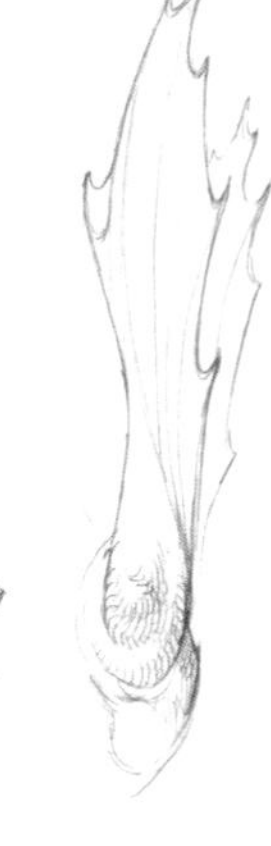

飞行中的变化
精灵龙的四翼就像直升机的旋翼一样，使它们在空中悬停时头可以转向任何方向。在休息时，它们的四翼会如扇子般收在身侧。

栖息地
精灵龙在农村地区繁衍，有时会吃家畜的饲料和人类种植的蔬果。

精灵龙存在于世界各地，种类繁多，颜色和外形千变万化。这种动物主要以小昆虫为食，偶尔也会捕食蜻蜓和蜂鸟等体形较大的猎物。

行为模式

精灵龙是龙族中体形最小的物种，通常在晚上和清晨捕食小昆虫，与其体形较大的近亲有许多相同的栖息地。它们会在悬崖或树上建造巢穴，但是更喜欢在阴凉幽暗的树林中生活。在冬季，北方的精灵龙并不会向南迁徙，而会冬眠。精灵龙会利用色彩鲜艳的双翼或发出磷光的尾巴吸引异性，并在飞行过程中交配。它们与体形大得多的近亲巨龙一样，喜欢偷各种闪亮的小东西来装饰自己的巢穴。

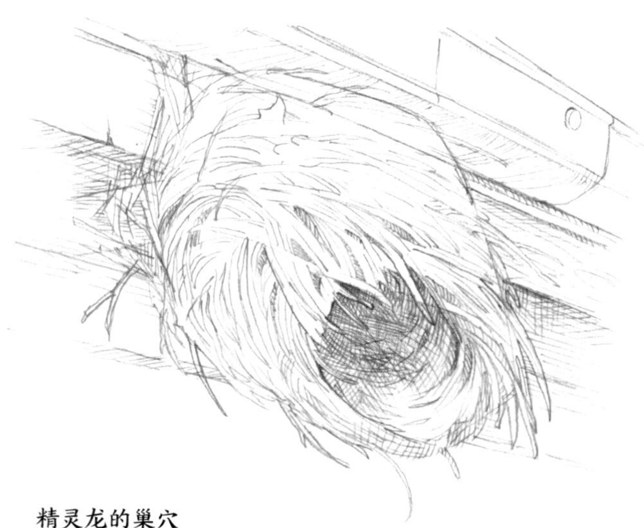

精灵龙的巢穴

精灵龙往往会在谷仓中或屋檐下寻找适合的地方建造巢穴，它们善于建造结构复杂且设计巧妙的巢穴。

精灵龙与人类的互动

在龙族爱好者中，为精灵龙建造小屋是一种很流行的做法。

历史

人们通常认为精灵龙几乎是全世界所有童话故事中仙子和精灵的原型。鬼火、棕仙、小精灵等都是从色彩鲜艳、爱恶作剧的促狭鬼——精灵龙的形象衍生而来。几乎所有人都将精灵龙出现在自家花园中视为吉兆，许多人还会将几枚闪亮的纽扣或硬币作为诱饵放在外面，等这种体形极小的生物来将其取走。

对精灵龙最著名的描绘当属英国作家刘易斯·卡罗尔所作诗歌《炸脖龙》和维多利亚时代备受赞誉的艺术家约翰·坦尼尔为该诗所作的插图。从诗名和插图来看，书中描绘的动物显然为源自叶翼精灵龙的虚构形象，因其会发出叽叽喳喳的叫声，有时也被称为炸脖龙。罕见的深林精灵龙常被视为可怕的生物，在孩童眼中更是如此。

如今，大部分地区都对精灵龙进行保护，使其免受捕捉或伤害，为其建造小屋也成了一股风靡全球的热潮。然而，许多农民对保护精灵龙的行为提出质疑，称这种做法会限制杀虫剂的使用，导致价值数百万元的农作物被害虫吃掉。

绳索般的尾巴

精灵龙可以把尾巴缠绕在各种物体上以维持身体平衡。

叶翼精灵龙

LEAFWING FEYDRAGON

叶翼精灵龙是刘易斯·卡罗尔所创作的诗歌《炸脖龙》和约翰·坦尼尔为该诗创作的著名插图的灵感来源。叶翼精灵龙分布在世界各地。它们的行为和体形并不显眼，再加上天然的保护色，就算它们大量出现也不会引人注意。人们曾经误以为叶翼精灵龙是独居生物，最近才知道它们在数量众多时会形成群落。

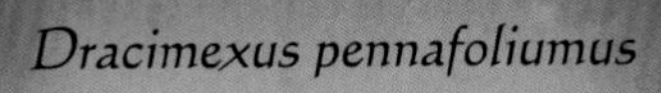

Dracimexus pennafoliumus

体　　长：25厘米
翼　　展：20厘米
分布地区：欧洲西北部
识别特征：纺锤状的细长身形、两对短翼
栖 息 地：农村地区和林区
食　　物：昆虫、水果
别　　名：炸脖龙、树叶掸子、树精灵
濒危等级：无危

Dracimexus cardinalis

体　　长：25～30厘米
翼　　展：30～36厘米
分布地区：北美洲东北部
识别特征：亮红色的斑点和头冠（雄性）、蓟状叶翼
栖 息 地：海拔较高的林区
食　　物：鱼类、蛇类、昆虫
别　　名：红精灵、大红袍
濒危等级：易危

红衣精灵龙

CARDINAL FEYDRAGON

红衣精灵龙是美洲大陆最受青睐的宠物。它们体色鲜红，外形精致，十分受欢迎。在17世纪和18世纪，许多红衣精灵龙遭到捕捉并被运到欧洲，当时有一小群红衣精灵龙在法国北部繁衍，现在可能已经灭绝了。剩余的红衣精灵龙在加拿大东部繁衍生存。

麦布女王精灵龙

QUEEN MAB FEYDRAGON

麦布女王精灵龙曾经是不列颠群岛的瑰宝，现在已经十分罕见。1932年，麦布女王理事会在爱丁堡成立，该精灵龙保护组织致力于使麦布女王精灵龙及其他精灵龙恢复到以往可观的数量。

Dracimexus mercutious

体　　长：41～51厘米
翼　　展：30～36厘米
分布地区：苏格兰
识别特征：绚丽的蓝色
栖 息 地：林地
食　　物：昆虫、鸟类、小型哺乳动物
别　　名：午夜暗影、蓝色魔鬼
濒危等级：极危

神剑精灵龙

EXCALIBUR FEYDRAGON

除了相似的四翼外，这种强大的精灵龙与其他精灵龙在外观上迥然不同。它们生活在陆地上，经常成群结队地攻击体形较大的猎物。强而有力的腿部和四翼，使神剑精灵龙具有超强的弹跳能力，可以从高处俯冲下来突袭猎物。

Dracimexus pendragonus

体　　长：36厘米
翼　　展：36～41 厘米
分布地区：欧洲北部和亚洲北部
识别特征：充满活力的腿部、强有力的后腹钳
栖 息 地：沼泽、冻原
食　　物：昆虫、小型哺乳动物、鸟类，有时成群捕食体形大得多的动物
别　　名：跳蛙、铁翼
濒危等级：无危

燕尾精灵龙

SWALLOWTAIL FEYDRAGON

1857年，理查德·弗朗西斯·伯顿爵士在广阔的维多利亚湖畔发现了该物种并将其命名为燕尾精灵龙。燕尾精灵龙像蝙蝠一样，使当地的害虫数量显著减少，因而很受当地人的欢迎。

Dracimexus furcaudus

体　　长：20厘米
翼　　展：25～30厘米
分布地区：非洲中部和东部
识别特征：长而纤细的双尾、边缘平滑的四翼
栖 息 地：海岸沼泽、湖畔
食　　物：昆虫
别　　名：叉尾蜻蜓、伯顿双矛
濒危等级：无危

鬼火精灵龙

WILLOWISP FEYDRAGON

鬼火精灵龙经常出现在文学作品和民间传说中，现在有人认为该物种在野外已经灭绝，并且无法人工繁育。鬼火精灵龙原本就数量稀少，于文艺复兴时期被人类发现，后来因拥有散发冷光的独特腺体而遭到捕杀，至今也没有恢复到原有的数量。

Dracimexus Luminus

体　　长：23厘米
翼　　展：25厘米
分布地区：欧亚大陆
识别特征：蝶状对翼、发光的颈部垂肉和尾巴
栖 息 地：沼泽
食　　物：昆虫、浆果、种子
别　　名：鬼火、潘氏龙
濒危等级：极危，可能已灭绝

Dracimexus monarchus

体　　长： 25厘米
翼　　展： 25～30厘米
分布地区： 温带地区
识别特征： 明亮如火光的橘色、用来攻击猎物的尾锤
栖 息 地： 农村、林区
食　　物： 小型哺乳动物、蛋、鸟类
别　　名： 作物喷粉机
濒危等级： 易危

帝王精灵龙

MONARCH FEYDRAGON

帝王精灵龙原产于北美洲，后来跟随着人类探险的脚步逐渐遍布全球温带地区，因体形和颜色而成为世界各地宫廷与动物园的宠儿。帝王精灵龙与鬼火精灵龙一样，很少能人工繁育，如今在美国和加拿大受到保护。

05 巨龙 GREAT DRAGON

威尔士红龙 WELSH RED DRAGON
铅笔素描+数字绘画
36厘米×56厘米

概　述

生物学特征

迄今为止，本章所介绍的八大巨龙是历史上最著名、最令人畏惧的生物。从古至今，巨龙不仅激发了我们的想象力，同时也促进了其所在文化的发展。它们翼展最大可达30米，并且还会喷火，堪称有史以来体形最大、力量最强的陆生动物。

巨龙种类繁多，遍布世界各地，其栖息地多在海边。虽然所有文化都对巨龙保护有加，但如今世界上的巨龙已寥寥无几。雄性巨龙的体色比雌性巨龙的更为鲜艳。

巨龙有许多种，其中最著名的是威尔士红龙。威尔士红龙为身躯庞大的四足兽，尾巴细长，脖颈弯曲似蛇，生有鳞甲和与蝙蝠翼类似的巨大翼膜，智商很高，还会喷火，是现存最神秘、最迷人的生物。虽然

喷火巨龙
在所有龙族生物中，只有巨龙会喷火。说是“喷”火，其实是“吐”火。巨龙的下颌骨后面有腺体，可以分泌一种高挥发性液体，而巨龙能将这种液体吐出30米远。该液体一旦与氧气接触，就会迅速氧化并燃烧。这种攻击方式一天只能用一次，巨龙通常将它作为最后的防御手段以逃离险境。

栖息地
世界各地的海边峭壁是巨龙的自然栖息地，这里不仅有充足的食物和持续的强风，而且与世隔绝。

巨龙不会说话，但它们长久以来都备受其领地内人类的尊崇。

行为模式

巨龙有很强的领地意识，并且生性高傲，即使对其他龙族生物也是如此。它们喜欢高耸的悬崖和裸露的岩石，多将巢穴建在能俯瞰大海的绝壁上。在这种偏僻的制高点，它们可以清楚地观察整个领地，以免受到敌人攻击，还可以展翅翱翔。由于身处海边，巨龙多从海中觅食，将水里的金枪鱼和小型鲸鱼抓回自己的巢穴中。它们体形巨大，但通常不会离开巢穴远行，只有附近没有食物或者受到人类威胁的时候才会迁移。

人龙互动相当罕见，因为巨龙与人类很少在同一领地生活。人类和双足飞龙都是巨龙的天敌。巨龙一旦成年就会离开母亲去重新建造巢穴，同时成年的雄龙也会开始准备追求雌龙。雄龙会收集闪亮的东西来装饰自己的巢穴，通过发出叫声和喷火来吸引雌龙。雌龙一次可产4枚蛋，雄龙在配偶产蛋后，会离开巢穴去寻找新的领地，将原来的领地和巢穴留给后代。巨龙寿命可达500年以上，而且还能长时间冬眠。唤醒沉睡的巨龙可不是明智之举。

历史

在近代历史中，人类非常关心巨龙的需求，人类与巨龙可以说是共生关系。人类曾一度认为必须以活人向巨龙献祭，现在几乎已经彻底摒弃了这种习俗。其实，巨龙伤人致死事件极为罕见。书中记载最古老的巨龙是颇受尊崇的黄龙东龙侯，据说它已经500多岁了。

阿卡迪亚绿龙

ACADIAN GREEN DRAGON

生物学特征

阿卡迪亚绿龙是北美洲体形最大的龙族生物，体长可达23米，翼展可达26米。雌龙每5年产一次蛋，每次仅产1～3枚。雌龙和雄龙一起住在海边的巢穴中，雄龙下海觅食，雌龙则留守巢穴中保护幼龙，抵御捕食者。

巨龙大都在高耸的海崖上建造巢穴，从而获得了

阿卡迪亚绿龙（侧面观），体长23米
这种巨龙是世界上寿命最长的龙族生物。

许多优势。幼龙3岁才开始学习飞行，迎风的高处有助于它们起飞。尚未学会飞行的幼龙几乎毫无自卫能力，地处偏僻的巢穴可以为它们提供庇护。雄性幼龙一旦学会飞行就会离开原来的巢穴，开始自己建造巢穴并组建家庭。

阿卡迪亚绿龙的寿命极长，目前最长寿的阿卡迪亚绿龙为莫哈克绿龙，关于它们最早的记录出现于

Dracorexus acadius

体　　长： 15～23米
翼　　展： 26米
体　　重： 7700千克
分布地区： 北美洲东北部
识别特征： 长有羽毛的褶翼、突出的鼻角和颏角（雄性）、暗淡的绿色和棕色斑点（雌性）
栖 息 地： 沿海地区
食　　物： 鲸类动物
别　　名： 绿龙、美洲龙、斯科格索龙、绿色兽龙
濒危等级： 濒危

阿卡迪亚绿龙的羽毛

阿卡迪亚绿龙是为数不多的拥有羽毛的巨龙之一。雄龙通过炫耀自己的羽毛来吸引雌龙，它们的鼻角也会在交配季节变成亮红色。雌龙体色暗淡斑驳，形成一层保护色。

阿卡迪亚绿龙的蛋，长46厘米

雌性阿卡迪亚绿龙每5年产一次蛋，每次最多产3枚。

雄性阿卡迪亚绿龙（腹面观），翼展26米
阿卡迪亚绿龙是北美洲翼展最大的龙族生物。与雄龙相比，雌龙的体色较为暗淡。

1768年。阿卡迪亚绿龙有冬眠的习性，这也是其长寿的原因之一。据悉，阿卡迪亚绿龙一生中有2/3以上的时间都处于睡眠状态，从而导致新陈代谢速度减缓。年纪较大的阿卡迪亚绿龙可能进入一种萎靡状态，持续数年不吃东西。成年后的雄性阿卡迪亚绿龙体重可达7700千克，每天要吃70多千克肉。

行为模式

阿卡迪亚绿龙与其他巨龙一样，也是将巢穴建在岩石海岸上，主要以北大西洋中数量众多的鲸类动物，尤其是虎鲸和领航鲸为食。雄龙会在俯瞰大海的岩洞或露岩上建造巢穴，于夏末开始复杂的求偶仪式。

历史

关于阿卡迪亚绿龙最早的记录出现在1602年。早期英国殖民者发现了大量阿卡迪亚绿龙，也有早期捕鲸者称阿卡迪亚绿龙经常俯冲下来抢走他们用鱼叉捕获的鲸鱼。尽管如此，阿卡迪亚绿龙还是成了早期美国人的骄傲，在独立战争期间经常被看作力量和独立的象征。能够俯瞰波士顿的邦克山曾经也是阿卡迪亚绿龙的巢穴所在地。阿卡迪亚绿龙的形象曾被提议画在美国国徽上，但是美国人最终选择了白头海雕。

俯瞰大海
巨大的雄性阿卡迪亚绿龙正在审视自己的领地。雄龙会抖动长有羽毛的褶翼，发出低沉多变的叫声，响彻天空。

雄性阿卡迪亚绿龙（腹面观），翼展26米

雄性阿卡迪亚绿龙身上的绿色较亮，双翼外缘有红色斑点。

求偶的炫耀飞行

在交配季节，雄性阿卡迪亚绿龙会飞到空中，通过展现自己的英姿来吸引雌性。年轻的雄龙围着雌龙盘旋，但雌龙对它并不感兴趣，最终在一个小时后喷火将它赶走。

在19世纪，捕鲸业和捕鱼业的发展使得阿卡迪亚绿龙的食物大幅减少，导致它们的数量骤减。波士顿、朴次茅斯和纽黑文等许多海滨城市的工业化也破坏了阿卡迪亚绿龙的大部分栖息地。至第二次世界大战爆发时，存活在世的阿卡迪亚绿龙的数量极少，许多生物学家都担心该物种目前已经灭绝。

1972年，世界龙族保护基金会与阿卡迪亚绿龙信托基金会成立，旨在提高人们对阿卡迪亚绿龙的恶劣处境的认识。1993年，美国联邦公园管理局在缅因州设立了阿卡迪亚国家龙族保护区，该保护区与阿卡迪亚国家公园毗邻。此后，又有多处海岸成为龙族保护区，使阿卡迪亚绿龙得以在保护区内繁衍生息。如今，捕鲸活动也受到了控制，阿卡迪亚绿龙的数量有所增加。

睡姿

阿卡迪亚绿龙一生中的大部分时间都处于睡眠状态。这名“思想者”在我画它的时候一动不动，丝毫没有察觉到我的存在。

黄 龙

CHINESE YELLOW DRAGON

生物学特征

黄龙有一个独有的特征——像北极龙一样生有软毛，这使其在巨龙中与众不同。此外，它们的爪有五趾而非四趾，翼展在巨龙中是最大的，第五根掌骨延伸到翼上，就像翼龙一般。

鬃毛与面部特征

黄龙生有独特的鬃毛，据说在求偶时用来吸引异性。雄龙的鬃毛十分浓密，其中夹杂着软毛，随着年龄的增长而变得越来越华丽蓬松。鼻角只有雄龙才长，也会随着年龄的增长而变得越来越突出。

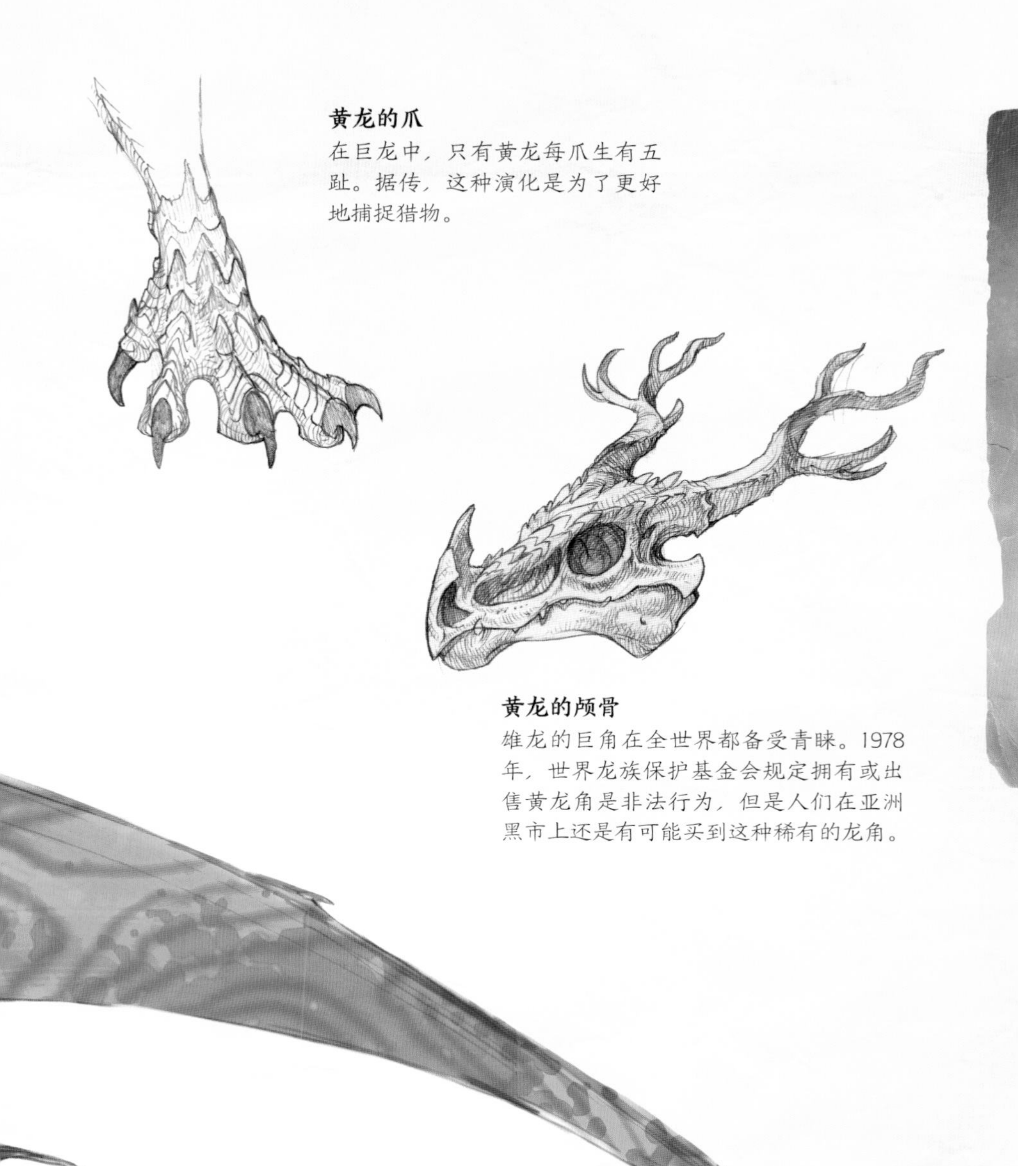

黄龙的爪

在巨龙中，只有黄龙每爪生有五趾。据传，这种演化是为了更好地捕捉猎物。

黄龙的颅骨

雄龙的巨角在全世界都备受青睐。1978年，世界龙族保护基金会规定拥有或出售黄龙角是非法行为，但是人们在亚洲黑市上还是有可能买到这种稀有的龙角。

Dracorexus cathidaeus

体　　长： 15米
翼　　展： 30米
体　　重： 4550千克
分布地区： 亚洲
识别特征： 由宽变窄的翅膀、金黄色的斑点、华丽的鼻角和鬃毛（雄性）
栖 息 地： 沿海山区
食　　物： 鱼类和鲸类动物
别　　名： 金龙
濒危等级： 濒危

黄龙（侧面观），
体长15米

黄龙身体线条流畅，符合空气动力学。它们以闪亮的颜色和飘逸的鬃毛而闻名。

黄龙的蛋，
长41厘米

黄龙数量稀少，它们的蛋也稀有而珍贵。

黄龙双翼宽大似滑翔机翼，便于它们翱翔。其他巨龙可能只能飞几个小时去觅食，而黄龙能连续飞行数日，到远离巢穴的地方去觅食。凭借滑翔机翼般的巨翼，它们能够到达惊人的高度，“乘”着太平洋急流在7600米的高空中翱翔，最远可到达夏威夷群岛。

黄龙主要以鱼类和鲸类动物为食，具体因个体的大小而有所不同。它们有一种独特的本领，就是能够在飞行的过程中吃掉捕捉到的猎物，这也是它们可以在海上连续飞行很长时间的一大原因。黄龙属于游牧型动物，只有在需要交配繁殖的时候才开始建造巢穴。

行为模式

如今，渤海海峡仅剩下唯一的黄龙——东龙侯，它由当地的保护组织保护和喂养，每年有数百万名游客前来参观。

黄龙已被世界龙族保护基金会列为保护对象，但偷猎活动依旧十分猖獗。人们认为，黄龙的鳞片、骨头、毛皮、器官（特别是龙角）都是灵丹妙药，可以治愈包括关节炎、癌症在内的所有疾病。由于数量稀少以及禁止私人拥有，黄龙成了世界上最有价值的龙族生物之一。

历史

在亚洲，自有历史记载以来，龙就与文化、民族联系在一起。

历史上有许多龙被归为黄龙。翼蛇、龙兽、古龙等龙族生物中存在同一类别下的多个物种生活在同一片栖息地上的现象，而巨龙中只有一个物种生活在亚洲大陆上，那就是黄龙。在历史上，黄龙经常被误认为风暴龙或神殿龙。

黄龙的头部变化

在亚洲大陆和岛屿上，有记录的黄龙种类超过30种。如上图所示，人们对黄龙外形的描绘差异很大。

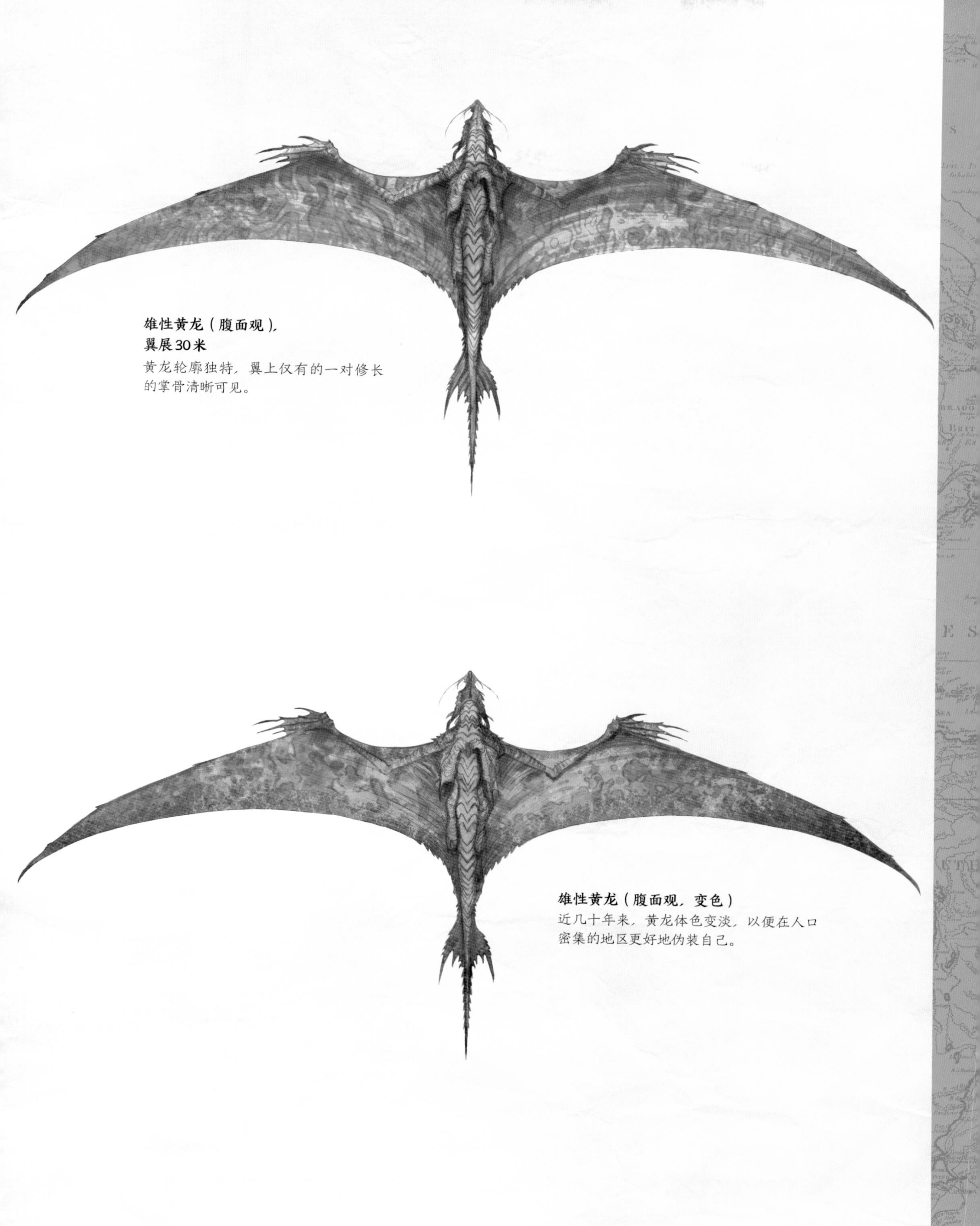

雄性黄龙（腹面观），
翼展30米

黄龙轮廓独特，翼上仅有的一对修长的掌骨清晰可见。

雄性黄龙（腹面观，变色）

近几十年来，黄龙体色变淡，以便在人口密集的地区更好地伪装自己。

克里米亚黑龙

CRIMEAN BLACK DRAGON

生物学特征

与某些巨龙相比，克里米亚黑龙的体形算是非常小的，它们体长通常不超过8米，翼展为15米。然而有传言称，龙族技术研究所的科学家利用生物技术将克里米亚黑龙改造成了超龙。超龙智商很高，可以在

克里米亚黑龙的头部

克里米亚黑龙的蛋，长5厘米

克里米亚黑龙的蛋很小，往往容易被忽视。

Dracorexus crimeaus

体　　长：8米
翼　　展：15米
体　　重：2270千克
分布地区：东欧
识别特征：暗黑色的斑点、宽大的三叉尾、尖尖的背脊刺、突出的颏角
栖 息 地：沿海地区
食　　物：鲟鱼和鲈鱼
别　　名：黑龙、沙皇之龙、俄罗斯龙、阿帕科、缟玛瑙龙、弯刀龙
濒危等级：极危

克里米亚黑龙（侧面观），体长8米

克里米亚黑龙外形独特，尾巴与飞机尾部类似，背脊很高，还有后掠翼和突出的颏角。有些科学家认为，早期的喷气式飞机就是仿照克里米亚黑龙的外形设计的。

刚出壳的克里米亚黑龙

雌性克里米亚黑龙每次产1～6枚蛋，刚出壳的幼龙体长约30厘米。克里米亚黑龙是唯一一可以在人工驯养的环境下成功繁殖的巨龙。如今，龙族技术研究所先对幼龙进行培育，再将其放生。

克里米亚黑龙的头部
克里米亚黑龙的头部形状独特，因个体而异。雄龙和雌龙都有明显的颏角，但雄龙的颏角更为突出。

历史

克里米亚黑龙自20世纪70年代起就已经被列为极危物种。克里米亚黑龙和利古里亚灰龙（见第64页）一样，也为了生存而缩小了体形。

空中长时间飞行。

克里米亚黑龙已经存在了几千年，主要以所在地区的江河湖海中丰富的巨鲈和巨鲟为食。据传，克里米亚黑龙在过去能够长至如今的2倍大。

行为模式

克里米亚黑龙曾经十分常见，喀尔巴阡山和高加索山脉都有其踪迹，但它们主要在黑海与里海沿岸安身。如今，克里米亚黑龙的最佳观赏地点只有黑海的岩石海岸。

由于栖息地重工业化、海洋生物减少以及缺乏保护措施，雄伟的克里米亚黑龙在20世纪已经陷入极度濒危状态。

克里米亚黑龙群体中各成员关系密切，这在巨龙中实属罕见。除此之外，世界上没有任何一个地方的巨龙会如此近距离地生活在一起。有些龙族生物学家推测，高度社会化是这些黑龙基因被改造的结果。

克里米亚黑龙的巢穴
20世纪之前，克里米亚黑龙主要在黑海、里海和亚速海崎岖的海岸上建造巢穴，并以这些水域里的巨鲟和巨鲈为食。如今，由于鲟鱼和鳇鱼几近绝迹，以其为食的野生克里米亚黑龙已经极为罕见。

雄性克里米亚黑龙（腹面观），翼展15米

克里米亚黑龙体色暗黑，外形可怕，曾一度成为东欧传说中吸血鬼的原形。

雌性克里米亚黑龙（腹面观），翼展15米

雌龙体色较浅，花纹斑驳。

埃尔瓦棕龙

ELWAH BROWN DRAGON

生物学特征

埃尔瓦棕龙是最独特的巨龙之一，面部宽大，口鼻部短小。它们的面部和猫头鹰的面部很像，二者也确实具有相同的功能。埃尔瓦棕龙锥形的面部充当了放大器，能将细微的响声收拢到耳道里。大部分巨龙都是依靠视觉和嗅觉来狩猎，埃尔瓦棕龙则依靠听觉。太平洋西北地区雾气笼罩，为狩猎增加了难度。埃尔瓦棕龙会发出刺耳的尖叫声，然后凭回声确定猎物的位置。

埃尔瓦棕龙的面部

埃尔瓦棕龙的面部酷似猫头鹰的面部，十分宽大，形状独特，有助于收拢声音。

Dracorexus klallaminus

体　　长：	15～23米
翼　　展：	26米
体　　重：	9000千克
分布地区：	太平洋西北地区
识别特征：	斑驳的棕色斑点、宽大的面部、短小的口鼻部、分叉尾
栖 息 地：	沿海地区
食　　物：	鱼类、海豹、鲸类动物
别　　名：	棕龙、猫头鹰龙、雷鸟、闪电蛇、库努克斯瓦、韦氏龙、萨利希龙
濒危等级：	易危

埃尔瓦棕龙的蛋，长30厘米

埃尔瓦棕龙的蛋表面凹凸不平，带有斑点或斑纹。

埃尔瓦棕龙（侧面观），体长23米

埃尔瓦棕龙口鼻部短小，状似鸟喙，它们依靠听觉来狩猎，效果远比依靠视觉好。

刚孵出的埃尔瓦棕龙

雌性埃尔瓦棕龙通常每次产2～6枚蛋。

觅食
普吉特海湾与胡安·德富卡海峡的海豹与鼠海豚为埃尔瓦棕龙提供了充足的食物，虎鲸也是埃尔瓦棕龙猎食的对象。

行为模式

埃尔瓦棕龙是最晚被西方博物学家发现并进行研究的巨龙，受人类干扰的时间相对较短，所以它们栖息地的生态系统非常健康。

埃尔瓦棕龙的分布地区极为广泛，北至阿拉斯加，南至俄勒冈的太平洋海岸，乃至旧金山和西雅图都有它们的踪迹。由于20世纪大部分的时间埃尔瓦棕龙都处于保护状态，所以它们的数量仅次于冰岛白龙（见第60页）。它们主要以丰富的太平洋鱼类和鲸鱼为食。

历史

美洲原住民数千年前就已知晓埃尔瓦棕龙的存在，而欧洲直到1778年才有相关记载。当时，库克船长乘坐英国皇家海军决心号开始第三次环球航行，途中于温哥华岛逗留月余。随船艺术家约翰·韦伯为英国伦敦皇家学会记录了埃尔瓦棕龙的相关信息，它们最早的名字“韦氏龙”便由此而来。

1805年，美国陆军的梅里韦瑟·刘易斯上尉与威廉·克拉克少尉带领考察队抵达太平洋西北地区。据

埃尔瓦棕龙的巢
埃尔瓦棕龙是群居动物，与其近亲鸟类一样，也会抚养幼龙至其可以离巢自立。图中为雄龙抓了一只麻斑海豹来喂食早春时节出生的幼龙。

埃尔瓦棕龙（腹面观），
翼展26米
分叉尾有助于它们保持飞行方向。

记载，该考察队于1823年正式将埃尔瓦棕龙称为“埃尔瓦”。早期博物学家经考察得知，埃尔瓦棕龙被美洲原住民称为“雷鸟”。雷鸟象征着大自然令人敬畏的力量以及对生命的尊重，在太平洋西北地区某些文化中被称为“库努克斯瓦”，据说能够幻化成人形。

埃尔瓦棕龙相对来说与世隔绝且数量颇多，因而成了美洲和欧洲猎手最喜欢的狩猎对象。1909年，美国前总统西奥多·罗斯福到该地区探险时曾射杀过埃尔瓦棕龙。1917年，这位总统大力支持埃尔瓦国家龙族保护区的建立。

1923年，加拿大政府设立了加拿大埃尔瓦国家保护区。1982年，加拿大国家埃尔瓦保护区交由埃尔瓦部落掌管，从而成为唯一一个由美洲原住民管辖的国家公园。

埃尔瓦棕龙的巢穴
图为一名向导在查看一处空着的埃尔瓦棕龙巢穴。

冰岛白龙

ICELANDIC WHITE DRAGON

生物学特征

冰岛白龙分布广泛，北至格陵兰岛，西至加拿大的爱德华王子岛，东至苏格兰的奥克尼群岛。据悉，冰岛白龙与阿卡迪亚绿龙、威尔士红龙和斯堪的纳维亚蓝龙都有关系。

行为模式

冰岛白龙与世界上大部分巨龙都不同，它们数量众多，对优质巢穴地的争夺十分激烈。雄龙经常在春季以角为武器展开对决，争夺梦寐以求的巢穴地。这样的打斗可能变得非常激烈，许多年龄较大的雄龙身上都有明显的伤疤。一旦确定了合适的建造巢穴的地

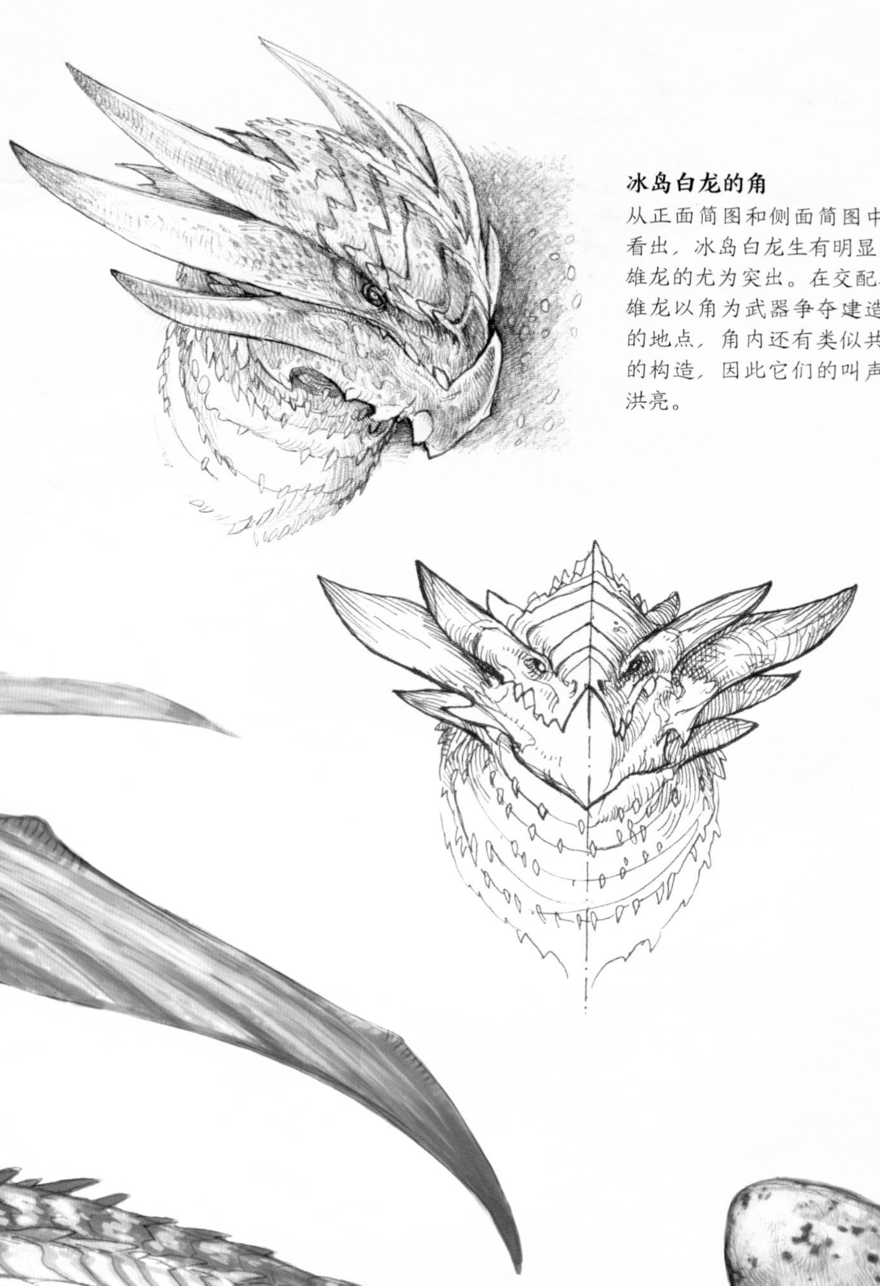

冰岛白龙的角

从正面简图和侧面简图中可以看出，冰岛白龙生有明显的角，雄龙的尤为突出。在交配季节，雄龙以角为武器争夺建造巢穴的地点，角内还有类似共鸣器的构造，因此它们的叫声格外洪亮。

Dracorexus reykjavikus

体　　长： 15～23米
翼　　展： 26米
体　　重： 9000千克
分布地区： 北大西洋
识别特征： 体表随季节变化而从纯白色变为棕色的斑点、宽大的水平颅角、三角翼、向上突出的喙状嘴；暗淡斑驳的体色（雌性）
栖 息 地： 沿海地区
食　　物： 鱼类、鲸类动物、藻类
别　　名： 白龙、极地龙
濒危等级： 近危

冰岛白龙的蛋，长41厘米

图中为冰岛自然历史博物馆中的标本。冰岛白龙的蛋在孵化前可能持续数年处于休眠状态，雌龙始终待在巢穴中守护着蛋。如果天气太冷，蛋会进入休眠状态。

冰岛白龙（侧面观），体长23米

冰岛白龙力量强大，恢复能力很强。它们是勇猛的斗士，并且领地意识非常强。

求偶行为

雄性冰岛白龙颏下有大肉垂，到了求偶季节肉垂就会变成红色。雄龙做出求偶炫耀行为时，肉垂会鼓起来，再加上洪亮的叫声、壮观的喷火秀和令人眼花缭乱的展翅，场面蔚为壮观。

翱翔

冰岛白龙数量众多，保护区内有许多冰岛白龙乘着北大西洋的强风在空中翱翔。

睡姿

巨龙一生中有很多时间都在休息，像其他大型捕食者一样保存能量。图中的大型雄龙一坐就是好几个小时，边晒太阳边展开双翼梳理羽毛。

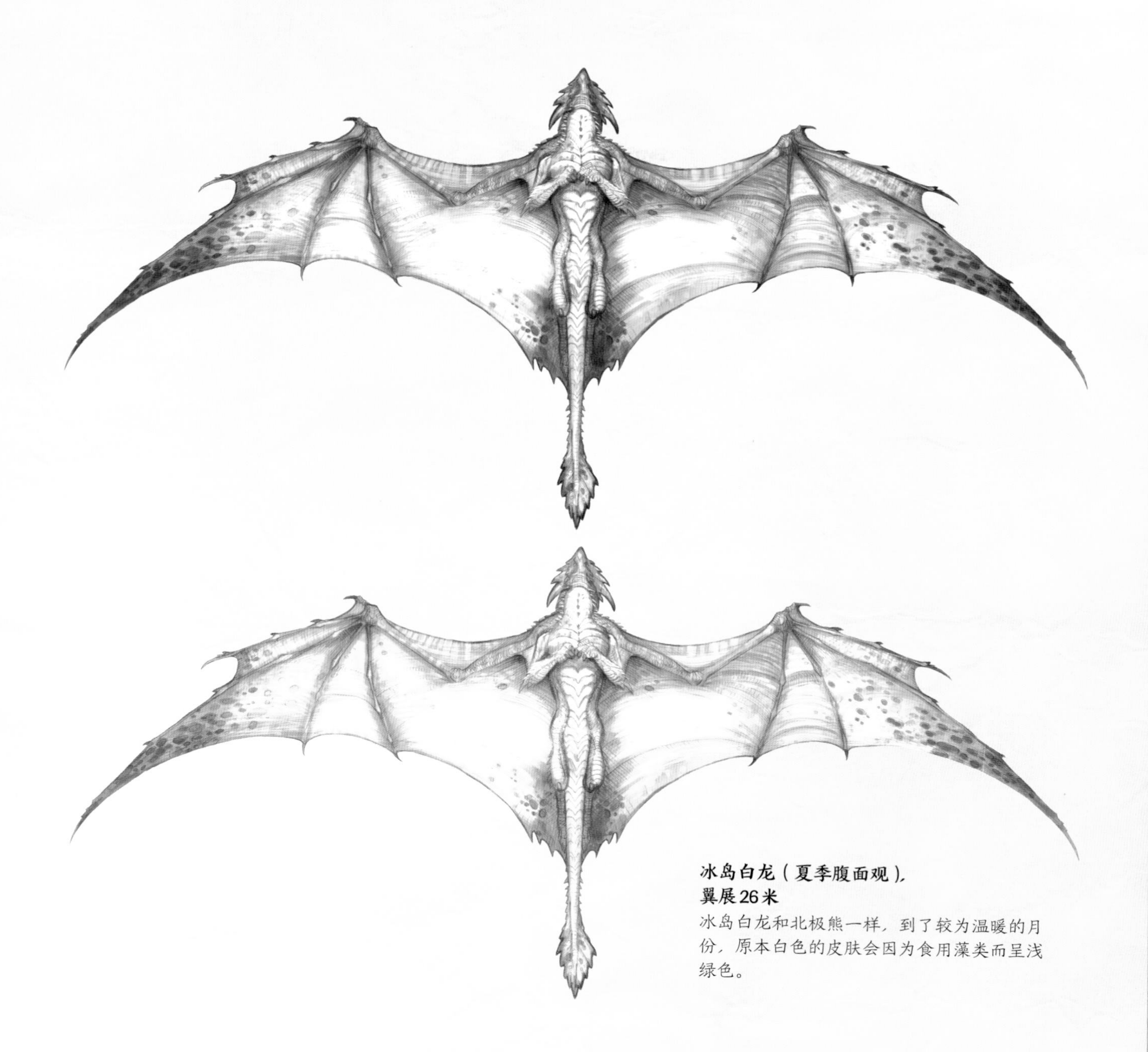

冰岛白龙（夏季腹面观），
翼展26米

冰岛白龙和北极熊一样，到了较为温暖的月份，原本白色的皮肤会因为食用藻类而呈浅绿色。

点，雄龙就会建好巢穴，然后通过绚丽的火焰、颏下色彩鲜艳的肉垂以及洪亮的叫声来吸引雌龙。

冰岛白龙通常以栖息地周围的鱼类和鲸类动物为食，具体捕食对象视其体形而定。年幼的冰岛白龙体形较小，通常以北大西洋的金枪鱼为食。成年冰岛白龙体形庞大，能够猎食虎鲸、年幼的座头鲸、长须鲸和露脊鲸等鲸类动物。

历史

冰岛白龙是史上最著名、数量最多的龙族生物之一。在全盛时期，它们的活动范围肯定超出了食物的供给范围。到了中世纪早期，有记录显示冰岛白龙的足迹一度进入欧洲斯堪的纳维亚蓝龙和威尔士红龙的活动范围。关于冰岛白龙最著名的记载见于中世纪的威尔士故事集《马比诺吉昂》。在该故事中，冰岛白龙在不列颠攻击威尔士红龙，最后它们都被鲁德王降伏。值得注意的是，冰岛白龙的活动范围可能早在500多年前就已经向东和向南扩到了威尔士，这表明其当初的数量必定十分庞大。在随后的几个世纪里，冰岛的殖民活动导致冰岛白龙的数量有所减少，但它们现在依然是数量最多的巨龙。

利古里亚灰龙

LIGURIAN GRAY DRAGON

生物学特征

利古里亚灰龙是最罕见、最与众不同的巨龙。在所有龙族生物中，只有利古里亚灰龙翼上有10对掌骨，从桡骨和尺骨上呈辐射状伸展开来。这种独特的构造造就了利古里亚灰龙动作敏捷的双翼，使它们在空中很灵活。在过去的几个世纪中，生物学家一直就其归属问题争论不休，有些认为应该把它们归入巨龙，有些则认为应将它们单列出来。此外，利古里亚灰龙是体形最小的巨龙，据记载，它们最大的翼展仅为8米，平均翼展约为5米，经常被误认为翼蛇。它们也是栖息地最偏南的巨龙。

头部褶翼
雄龙在求偶时通过这些华丽的褶翼来吸引雌龙。

Dracorexus cinqaterrus

体　　长：5米
翼　　展：8米
体　　重：1135千克
分布地区：意大利北部
识别特征：银灰色的斑点（在交配季节会呈明亮的薰衣草紫色，雄性）、有10对掌骨的双翼、巨大的头冠、从颈部延伸到尾巴的褶翼
栖 息 地：沿海地区
食　　物：鲸类动物
别　　名：意大利龙、灰龙、银龙、紫晶龙
濒危等级：极危

利古里亚灰龙的蛋，长15厘米
由于环境变化，利古里亚灰龙早已变得十分罕见。据悉，现在可能只有十几对有繁殖能力的野生利古里亚灰龙。利古里亚灰龙蛋是意大利国宝，与国家级艺术杰作受到同样精心的保护。

雌性利古里亚灰龙（腹面观），翼展8米
雌龙体表呈斑驳的棕色，有助于它们与岩石峭壁融为一体。

利古里亚灰龙的双翼
利古里亚灰龙的双翼分别生有10根掌骨，数量是其他巨龙的2倍。因此，利古里亚灰龙可以将双翼收拢成复杂而微妙的形状，在空中飞行时十分灵活。

行为模式

意大利五渔村由5座位于悬崖边的小村庄构成，环境优美，景色宜人。由于交通不便，这些村庄至今依旧保持着中世纪时期的样貌，在历史上的大部分时间里，人们只能通过坐船或走牧羊小路抵达这些村庄。第二次世界大战过后，随着公路和铁路的修建，游客和贸易者来到这些村庄，这对利古里亚灰龙的栖息地造成了很大的影响。过去曾有人认为利古里亚灰龙到20世纪40年代末就已灭绝，但五渔村相对与世隔绝的地理位置使其免遭厄运。如今，利古里亚灰龙成了世界上最罕见的龙族物种之一，仅存在于意大利这片面积极小的沿海地区。据世界龙族保护基金会估计，现存的利古里亚灰龙的数量尚未过百。

对利古里亚灰龙影响最大的是食物供应减少。根据1998年签订的《关于保护黑海、地中海和邻近的大西洋地区的鲸类动物保护协议》，这些水域的鼠海豚自1950年以来已经从10万只减至1万只。

20世纪晚期，当地政府采取了严厉的措施来保护

疯狂捕食
利古里亚灰龙的牙齿相对较小，可以紧紧咬住捕到的鱼类。

雄性利古里亚灰龙（腹面观），翼展8米
雄龙在交配季节体色发生了明显的变化，从淡银色变为亮紫色。

生活在地中海里的鲸类动物，使利古里亚灰龙免于灭绝。尽管利古里亚灰龙生活在世界上环境保护制度最严格的地区之一，但它们还是陷入了极危状态。

历史

根据早期研究文献和17世纪科学期刊中的描述，如今利古里亚灰龙的体形缩小了近30%。随着海洋哺乳动物的减少，它们的食物从鲸鱼变成了金枪鱼和海鲈鱼。体形较大的利古里亚灰龙很可能因此而被饿死，只剩下数量较少的繁殖种群。

意大利北部的五渔村是现在仅存的利古里亚灰龙栖息地，其独特之处在于龙族和人类可以和谐共处。当地人民和政府均以此为傲。意大利文艺复兴和巴洛克时期艺术作品中描绘的龙族生物大部分都是利古里亚灰龙。

晒太阳的利古里亚灰龙
地中海的阳光有助于这些龙维持体温。

斯堪的纳维亚蓝龙

SCANDINAVIAN BLUE DRAGON

生物学特征

斯堪的纳维亚蓝龙活动范围很广，它们的栖息地东至俄罗斯，西至法罗群岛。这些地区有数量众多的海豹和鲸鱼，为斯堪的内维亚蓝龙提供了充足的食物，使它们可以在斯堪的纳维亚人烟稀少的崎岖的海岸繁衍生息。

斯堪的纳维亚蓝龙多在斯堪的纳维亚半岛的岩石海岸上建造巢穴，巢穴遍布挪威和瑞典，甚至还出现在丹麦和芬兰。这些地区降雨量充沛、气候温和，还有俯瞰挪威海的高耸峭壁、满是鲸类动物的峡湾，并且人烟稀少，是世界上最适宜龙族生物的栖息地。

斯堪的纳维亚蓝龙（侧面观），体长23米
在交配季节，雄龙通过炫耀其鲜艳的体色来吸引雌龙。

Dracorexus songenfjordus

体　　长：15～30米
翼　　展：23～26米
体　　重：10吨
分布地区：北欧
识别特征：亮蓝色的斑点（雌性的颜色较淡）、细长的口鼻部、桨状尾部结构、一对鸭式翼
栖 息 地：沿海地区
食　　物：鲸类动物、海豹
别　　名：北欧龙、蓝龙、挪威龙、峡湾古龙
濒危等级：易危

体色变化
斯堪的纳维亚蓝龙并不总是蓝色的，它们体色多样，因个体和地区而异，甚至会随着季节的变化而变化。雄龙身上的花纹和体色更鲜亮。

进食特点
斯堪的纳维亚蓝龙口鼻部细长，可以张大嘴巴吞下整条鱼。

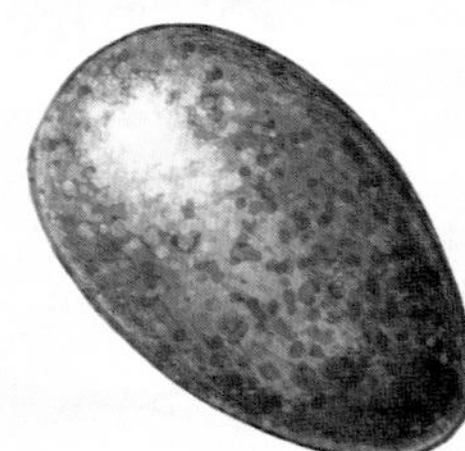

斯堪的纳维亚蓝龙的蛋，长46厘米
斯堪的纳维亚蓝龙的蛋具有保护色，可以与峡湾里的蓝色花岗岩融为一体。

觅食
斯堪的纳维亚蓝龙正在挪威海岸上空展翅高飞。它们可以连续滑翔好几个小时，寻找海洋中的鲸群和鱼群。

虽然斯堪的纳维亚蓝龙的活动范围不如冰岛白龙的大，但在挪威峡湾生活的巨龙比世界上任何地方的都要多。

斯堪的纳维亚蓝龙的栖息地风景美丽，挪威也因此成为世界上最受欢迎的龙族观赏地之一。乘坐龙湾游轮是游览挪威胜景的最佳方式，也是挪威最成功的旅游项目之一。为了避免斯堪的纳维亚蓝龙的栖息地将来受到捕猎和旅游的冲击，挪威政府已经设立多个龙族保护区。

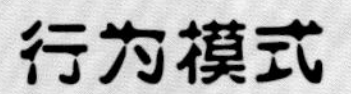

行为模式

斯堪的纳维亚蓝龙与其他巨龙相似，也需要在广大的狩猎区凭借迎风的孤峰和辽阔的水域获取充足的食物，体形较大的斯堪的纳维亚蓝龙也因此而能够继续生存。

成年雄龙的体重可达10吨，翼展可达26米，每天能吃近70千克肉。斯堪的纳维亚蓝龙和所有巨龙一样，在漫长的新陈代谢停滞期和冬眠期会减少进食频率，一般夏季一周进食一次，冬季一个月进食一次。年龄较大的个体在夏季的进食频率可能仅为一个月一次，冬季则完全休眠度过。挪威附近的水域中有丰富的鲸类动物，所以斯堪的纳维亚蓝龙无须频繁觅食，它们会将大型海洋哺乳动物带回巢穴中食用。

斯堪的纳维亚蓝龙也捕捉北大西洋金枪鱼等大型食用鱼和领航鲸、虎鲸等鲸类动物，所以不会干扰主要用网捕捉鲱鱼等小型食用鱼的渔民的捕鱼活动。它们的天敌欧洲双足飞龙于19世纪晚期灭绝，加上捕鲸活动于20世纪晚期受到管制，斯堪的纳维亚蓝龙的数量已大幅度增加。

刚出壳的斯堪的纳维亚蓝龙

历史

斯堪的纳维亚蓝龙已经与人类毗邻而居了数个世纪，但是并未对人类造成很大的威胁。斯堪的纳维亚文化将这种龙视为一种拥有巨大魔力和力量的生物，维京文化更是对其尊崇有加。我们曾前往卑尔根自然科学院参观，那里的龙族厅十分壮观，收藏了各种与龙族生物有关的手工艺品。数个世纪以来，斯堪的纳维亚人都一直在心怀敬畏地对龙族生物进行研究。

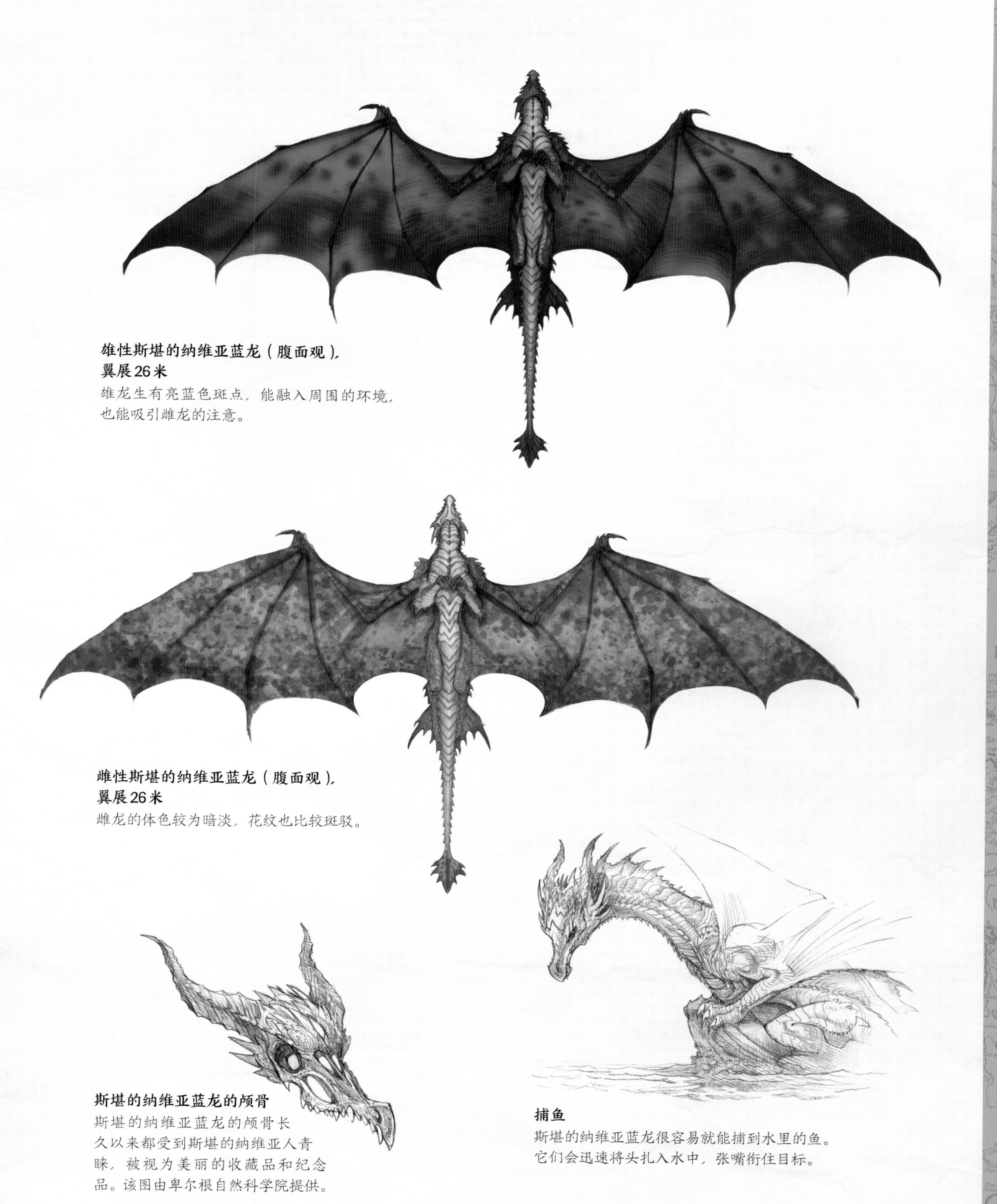

雄性斯堪的纳维亚蓝龙（腹面观），翼展26米

雄龙生有亮蓝色斑点，能融入周围的环境，也能吸引雌龙的注意。

雌性斯堪的纳维亚蓝龙（腹面观），翼展26米

雌龙的体色较为暗淡，花纹也比较斑驳。

斯堪的纳维亚蓝龙的颅骨

斯堪的纳维亚蓝龙的颅骨长久以来都受到斯堪的纳维亚人青睐，被视为美丽的收藏品和纪念品。该图由卑尔根自然科学院提供。

捕鱼

斯堪的纳维亚蓝龙很容易就能捕到水里的鱼。它们会迅速将头扎入水中，张嘴衔住目标。

威尔士红龙

WELSH RED DRAGON

生物学特征

威尔士红龙诚然是最罕见的西方龙族生物之一，但是数百年来受到英国王室的良好保护，因此得以存活至今。

威尔士红龙与其他巨龙一样，隔几年才交配一次。雌龙通常一次只产3枚蛋，雌龙和雄龙都会对其精心看护。刚孵出的幼龙只有小狗那么大，要经过雌龙和雄龙几年的悉心照顾才能自立。在此期间，雄龙通常负责抓鱼和鲸鱼回巢穴，而雌龙负责保护幼龙。幼龙

威尔士红龙（侧面观），体长23米

Dracorexus idraigoxus

体　　长：	23米
翼　　展：	30米
体　　重：	13620千克
分布地区：	英国北部
识别特征：	亮红色的斑点（雌性的颜色较淡）、明显的鼻角与颏角（雄性）、桨状尾部结构、鸭式翼
栖 息 地：	沿海地区
食　　物：	鱼类、鲸类动物
别　　名：	威尔士龙、红龙、红古龙
濒危等级：	濒危

颜色变化

威尔士红龙与其他龙族生物一样，雄龙和雌龙的花纹和颜色差异很大。雄龙头上有褶翼和角，斑点颜色明亮，到了秋季会变深。

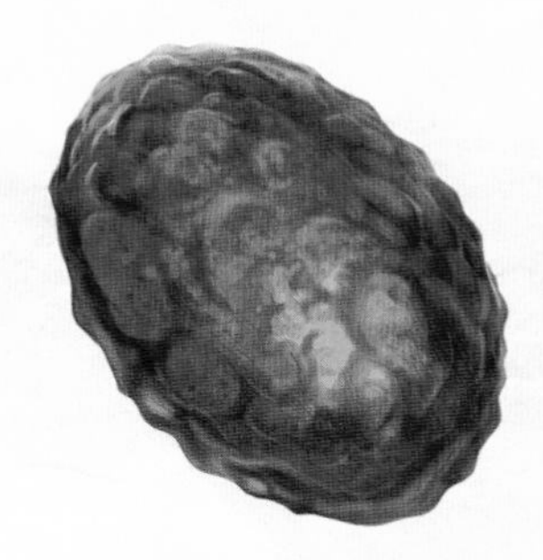

威尔士红龙的蛋，长43厘米

威尔士红龙的蛋表面凹凸不平，还有石头般的质感。

雄性威尔士红龙（腹面观），翼展30米
成年威尔士红龙翼展惊人，飞行的样子非常壮观。

一旦学会飞行，便会离开巢穴去寻找新的领地。

刚孵出的威尔士红龙经常会因疾病、自然灾害或意外而死亡，大约只有20%的幼龙能够活到成年。在各种措施的保护下，威尔士红龙的数量正在逐渐增加，但它们依然属于濒危物种。

行为模式

在民间传说和历史中，威尔士红龙是巨龙中最著名的物种。它们的活动范围不如冰岛白龙和斯堪的纳维亚蓝龙的大，而且数量也远比后两者稀少，但它们与栖息地所在地区的人类关系密切，几乎可以说是共生关系。然而，人类几乎从未正面接触过威尔士红龙。

威尔士红龙目前的活动范围向北延伸至法罗群岛，南至威尔士，遍及苏格兰北部群岛的大部分地区。它们从所在地区的海域中捕食海豹与小型鲸鱼。

历史

也许世界上没有任何一片土地像威尔士这样与龙族生物有着如此紧密的羁绊。威尔士堪称龙族生物的代名词，威尔士红龙的形象不仅出现在他们的国旗上，而且还融入了他们的民族神话中。直到英格兰人于中世纪时期定居威尔士，人类才对它们有所了解。

历史上，它们在威尔士一直受到良好保护。严格来说，自英格兰国王爱德华一世统治时期以来，所有威尔士红龙都作为王室的私有物受到保护。由于贵族土地所有制和威尔士红龙受到的严格保护，它们得以存活至21世纪。与此同时，欧洲双足飞龙与欧洲林德古龙则因人类猎杀而灭绝。

数个世纪以来，英国王室都会定期前往皇家森林猎场开展猎龙活动，这座猎场由特雷纳多格皇家龙族

雌性威尔士红龙（腹面观），
翼展30米
雌龙颜色较暗淡，偏土色，可以与周围的自然环境融为一体。

信托基金会运营。最后一次皇家威尔士红龙狩猎活动要追溯到1907年。如今，游猎侍从主要为博物学家和游客担任向导。虽然猎杀威尔士红龙属非法行为，但是若有威尔士红龙威胁到人类及其家园，游猎侍从依然可以对其动用武力。不过，这种情况极少发生。

06

龙兽 DRAKE

普通龙兽 COMMON DRAKE
铅笔素描+数字绘画
36厘米×56厘米

概　述

生物学特征

龙兽是一种不会飞的常见龙族生物，许多文明中都有驯养龙兽的记载。它们种类数以百计，但无一例外都是四足动物，身形矮小而健壮，可以迅速跑动。龙兽的一大优点是能够适应所处的环境并演化出数百个适应相应环境的种类。它们的颌骨强而有力，牙齿十分锋利，能够迅速捕杀猎物。

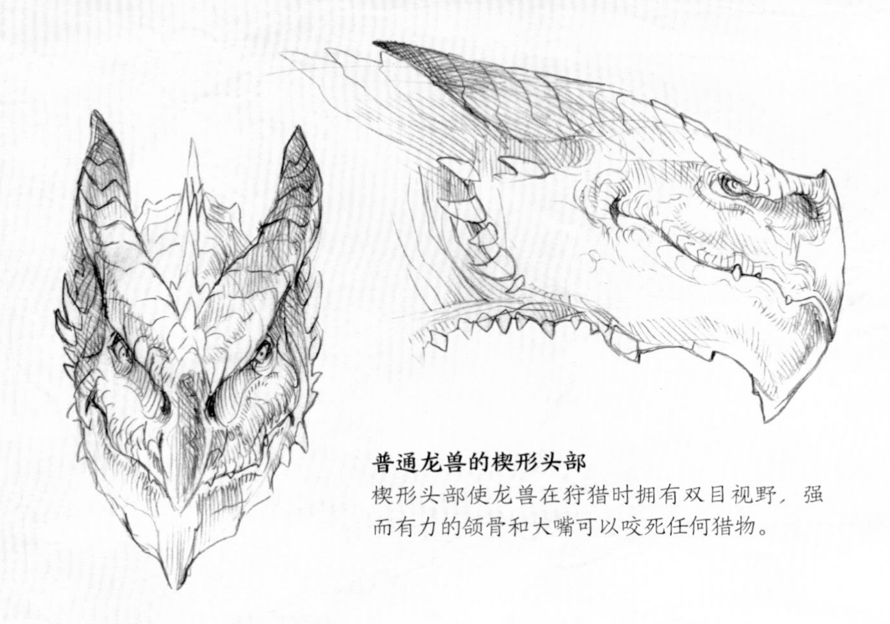

普通龙兽的楔形头部
楔形头部使龙兽在狩猎时拥有双目视野，强而有力的颌骨和大嘴可以咬死任何猎物。

行为模式

龙兽生活在世界各地的草场和开阔的稀树草原上，北极区的冻土地带也有其踪迹。它们天生便是群体狩猎动物，一个群体中有时能有几十个成员，可以捕杀麋鹿、驼鹿和乘龙等大型猎物。如今，世界上的野生龙兽寥寥无几，因人类猎杀而几近灭绝。

栖息地
龙兽能够在各种气候和地形中繁衍生息，尤其是在世界各地的草场和开阔的稀树草原上，它们可以发挥自身天生的速度优势。

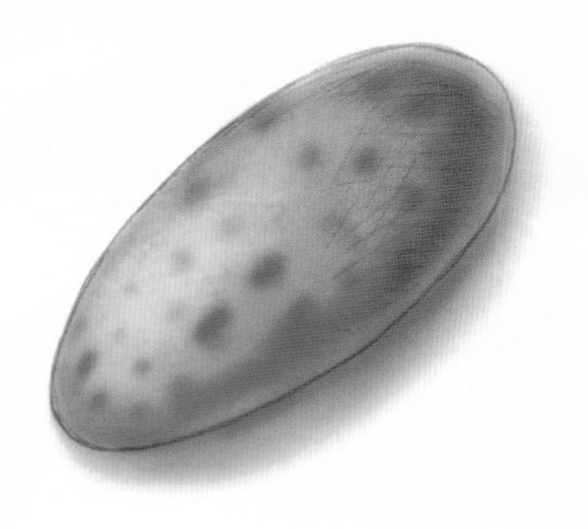

龙兽的蛋，
长25厘米

龙兽在野外成群生活，以保护巢穴中的蛋不受食腐动物侵袭。

战士的盟友

数个世纪以来，龙兽多用来狩猎和守卫。根据它们的能力，人们为其制作相应的盔甲和挽具。

历史

龙兽最初在古埃及和古巴比伦受到驯养，现存的野生龙兽数量已不比往昔。几个世纪以来，龙兽在世界各地演化出数百个物种，有体长不超过30厘米的小型宠物龙兽，也有体长超过6米的巨型攻城龙兽。北美洲和欧洲的野生龙兽因人类猎杀而几近灭绝，于20世纪中叶被列为濒危物种。在现代禁猎区、公园和保护区中，野生龙兽的数量正在增加。

在过去，龙兽通常用来守卫，人们在埃及、欧洲和亚洲的建筑上经常能看到它们的形象。到中世纪时期，龙兽成了守护神和凶猛的象征，教堂的排水口便被雕刻成龙兽的样子，以防止鸽子在上面筑巢。如今，滴水兽在世界许多地区都是龙兽的代名词。

滴水兽

欧洲哥特式大教堂的排水口被雕刻成各种龙族生物的样子，其中最常见的就是龙兽。

普通龙兽

COMMON DRAKE

普通龙兽遍及世界各地，是龙兽中最容易驯养的物种之一，因行动迅捷和肌肉发达而在狩猎和军事活动中成为理想的助手。

Drakus plebeius

体　　长：91 厘米～4 米
分布地区：温带至热带地区
识别特征：矮壮的身躯
栖 息 地：开阔的平原
食　　物：麋鹿、驼鹿
别　　名：戈耳工、小龙兽、捷克龙
濒危等级：无危

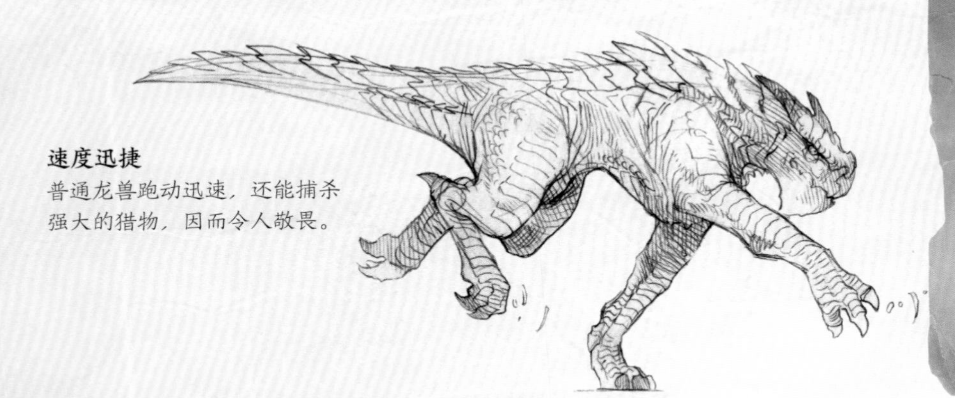

速度迅捷
普通龙兽跑动迅速，还能捕杀强大的猎物，因而令人敬畏。

普通龙兽在休息
普通龙兽在休息时显得十分安静。

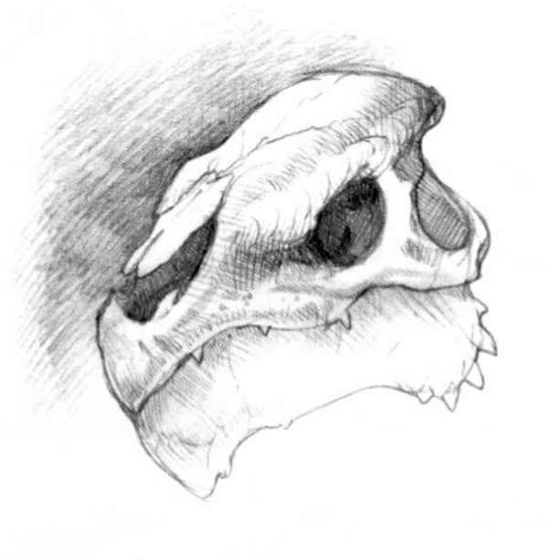

普通龙兽的颅骨
在普通龙兽的颅骨上，颌肌和韧带占据了很大面积，能够产生强大的咬合力。

圣卡斯伯特龙兽
ST.CUTHBERT'S DRAKE

这种龙兽于中世纪由巴伐利亚圣卡斯伯特修道院的僧侣驯养。它们体格健壮，可以在地形崎岖的山区行走以帮助那些在雪地里迷路的朝圣者。如今，圣卡斯伯特龙兽数量稀少。它们强大的力量依然令人敬畏，偶尔它们被用于农业生产。

Drakus eruous

体　　长： 3米
分布地区： 世界各地
识别特征： 高而壮的前肩
栖 息 地： 多岩石的山区
食　　物： 哺乳动物、鸟类、草
别　　名： 山地公牛、乌多牛
濒危等级： 易危

圣乔治龙兽
ST. GEORGE'S DRAKE

圣乔治龙兽是适应能力最强的龙兽，各种气候环境中都有其踪迹。然而，这种龙兽处于近危状态，由人类驯养的情况十分罕见。

Drakus imperatorus

体　　长： 4米
分布地区： 世界各地
识别特征： 长有均匀小尖刺的背脊、短小的鼻角
栖 息 地： 草原、开阔平原
食　　物： 小型哺乳动物、爬行动物
别　　名： 梳背、沙漠短吻鳄
濒危等级： 近危

斗兽场龙兽

PIT DRAKE

人类驯养过许多用于搏斗的龙兽，其中最为著名的便是斗兽场龙兽，现在许多国家都将繁育龙兽列为非法行为。由于体形巨大和力量强大，斗兽场龙兽自古罗马时期便被视为强大的斗士。其实，它们并不是天生的斗士，而是人类忠诚的伙伴。

Drakus barathrumus

体　　长：122厘米
分布地区：世界各地
识别特征：矮壮的身形
栖 息 地：沼泽
食　　物：两栖动物、蛇、鸟类
别　　名：斗龙、竞技龙、食肉龙
濒危等级：近危

派尔龙兽

PYLE'S DRAKE

有许多派尔龙兽亚种生活在大西洋两岸气候温和的地区。它们最早见于北美洲，后来被带到地中海地区。它们善于挖掘，很早之前便被人类用来猎取老鼠、狼獾等穴居哺乳动物。

Drakus gargoylius

体　　长：152厘米
分布地区：大西洋地区
识别特征：高高隆起且长有尖刺的背脊、带有条纹的双角
栖 息 地：草原
食　　物：哺乳动物、爬行动物
别　　名：公牛龙兽、双角霍华德、里霍博斯公羊
濒危等级：易危

伊什塔尔龙兽

ISHTAR DRAKE

伊什塔尔龙兽是已知最早由人类驯养的龙兽，现在已经灭绝。伊什塔尔城门（位于今伊拉克巴格达）上的龙兽雕像是有史以来已知的人类对龙族生物最古老的描绘（约公元前3000年）。埃及法老墓中也发现了类似物种的木乃伊。据悉，伊什塔尔龙兽是当代各种龙兽的祖先。

Drakus ishtarus

体　　长： 2米
分布地区： 北非、阿拉伯半岛
识别特征： 苗条而健美的身躯、细长的颈部
栖 息 地： 湿地与河岸
食　　物： 鱼类、鳄鱼、鸟类
别　　名： 神纹
濒危等级： 灭绝

怀斯龙兽

WYETH'S DRAKE

怀斯龙兽是航海家最早在美洲大陆发现的龙兽，最早的记录见于早期探险家的航海日志。它们在当时并不常见，因此成了西方殖民者早期狩猎的目标。现在，它们的数量已经减至危险的程度。有些国家对其采取了保护措施，也有些国家几乎无法找到其踪迹了。

Drakus brandywinus

体　　长： 2米
分布地区： 中美洲和南美洲
识别特征： 很大的鼻角、错落有致的背脊刺
栖 息 地： 沼泽、半咸水水域
食　　物： 鱼类、哺乳动物、爬行动物
别　　名： 棕土龙兽
濒危等级： 极危

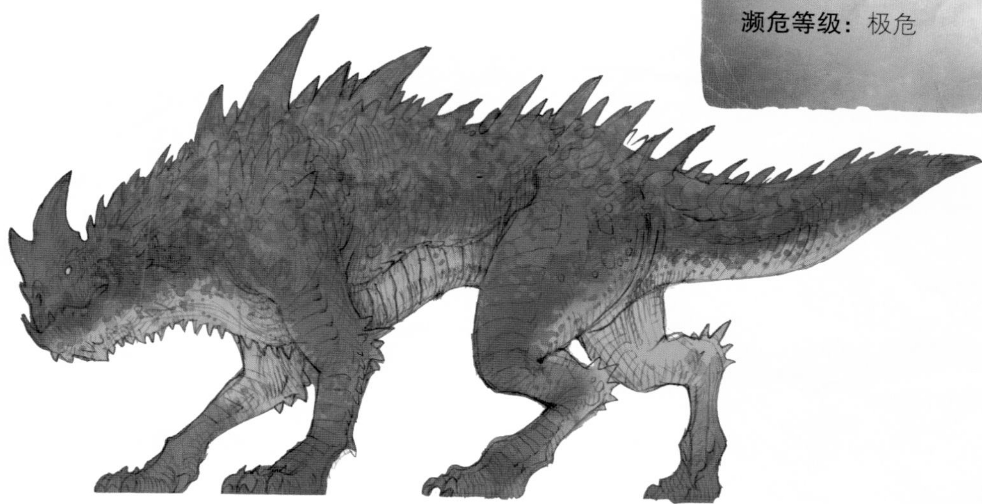

攻城龙兽
SIEGE DRAKE

竞速龙兽
RAGING DRAKE

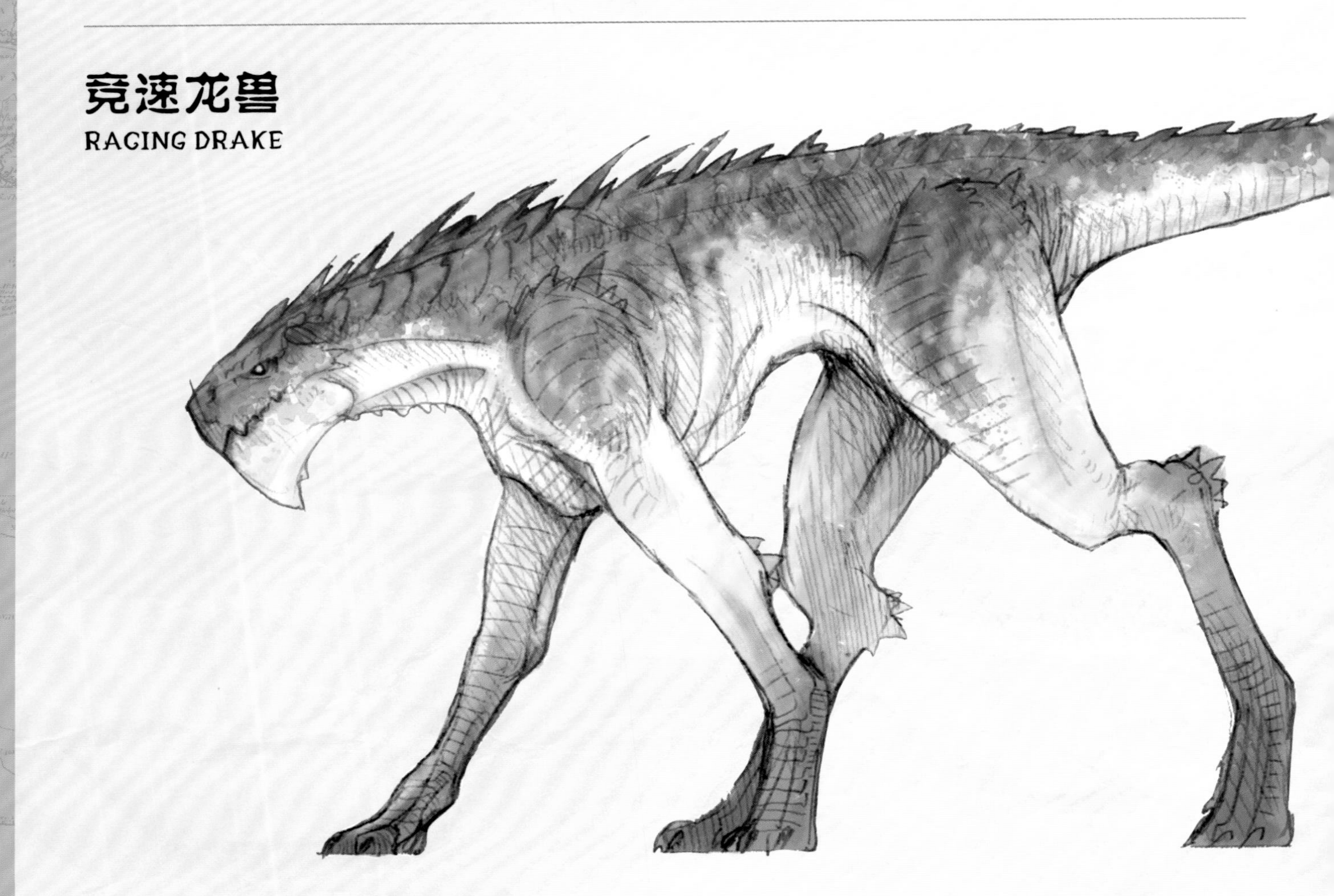

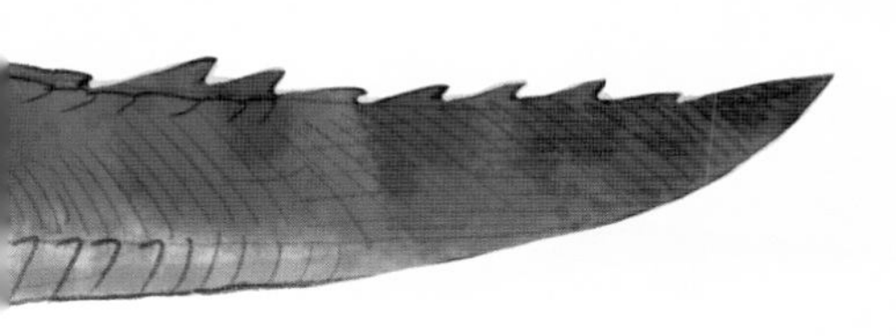

在19世纪前，人类曾经繁育过攻城龙兽等作战用的大型龙兽，它们经常被用来拉动战车和大炮，偶尔也用来从战场上运送伤兵撤离。

Drakus bellumus

体　　长： 5米
分布地区： 亚欧大陆、北美洲西北部
识别特征： 短短的脖颈、庞大的身躯、长有4根尖刺的四肢
栖 息 地： 多岩石的干旱地区
食　　物： 小型哺乳动物
别　　名： 战龙、德国战龙
濒危等级： 易危

人类至今还在繁育速度敏捷的小型竞速龙兽。它们的速度堪比猎豹的速度，所以龙兽竞速活动在许多文化中都大为流行。但最近许多地方对龙兽采取了保护措施，并且这类活动存在许多安全隐患，因此这类活动已经大大减少。

Drakus properitus

体　　长： 2米
分布地区： 亚洲、非洲、澳大利亚
识别特征： 修长的四肢、高耸的后半身、短短的背脊刺、尖尖的下颌骨
栖 息 地： 干旱的草原
食　　物： 腐肉
别　　名： 疾龙
濒危等级： 近危

多头龙 HYDRA
铅笔素描+数字绘画
36厘米×56厘米

07 多头龙 HYDRA

概 述

生物学特征

多头龙是最不寻常的龙族生物，有多个不同的物种。它们的颈部弯曲似蛇，有多颗头。刚出生的多头龙一般只有两颗头，随着体形变大会长出几颗新头，从而提高进食的效率。如果某颗头被吃掉或受到伤害，新的头便长出来。有人称多头龙会如施魔法般瞬间冒出一颗新头，这种说法有些夸张；其实，它们通常要用一年的时间才能长出一颗新头。多头龙栖息在水域附近，它们会用头在水中捕食鱼类和其他小型动物。

多头龙的头部
多头龙生活在浑浊的深水中，视力很差，经常在夜间捕捉猎物。它们的头部生有卷卷的长须，用于感知周围的环境。

栖息地
多头龙通常将巢穴建在大江大河附近。由于栖息地大多因人类的开发和水坝的建设而遭到破坏，所以多头龙现存数量极少。

多头龙的蛋，
长25厘米
多头龙不会抚养幼龙。它们产下一小窝蛋后，便任其自生自灭。幼龙在觅食的时候经常互相残杀。

勒拿多头蛇体形小得多，体长为3～6米，其身形似蛇，没有腿，经常被错误地归为古龙，但其实属于多头龙。

别名那伽的印度多头龙和别名八岐大蛇的日本多头龙都生活在水边，主要以咸水潮坪与河口中的鱼类为食。

刻耳柏洛斯多头龙体形较小，人们常常将它们与龙兽（见第77页）乃至犬类混淆，其实它们属于多头龙。刻耳柏洛斯多头龙的独特之处在于出生时它们一般有3颗头，并且以后不会长出新的头。刻耳柏洛斯多头龙有时也在开阔的草原上捕食小型动物。人类经常将其捉来，拴在门口看家护院。它们的3颗头时刻保持高度警觉。与其他多头龙不同的是，它们能够像猎犬一样吠叫，从而向主人示警。

多头翼龙又称多头飞龙，历史上并没有相关记载。人们认为，如此笨拙的生物根本不可能在空中活动。然而，多头龙专家仍然在寻找神出鬼没的多头翼龙。

行为模式

自古以来，人们便对多头龙怀有极大的偏见，经常将其猎杀以保护自己和家畜，这导致尼罗河三角洲和地中海岛屿等传统栖息地中的多头龙已经消失。虽然体形较大的多头龙确实会袭击家畜，但大部分多头龙通常是以“垂钓”的方式进行狩猎，等着猎物来到其头部活动范围内。它们身躯庞大，可以抵御鳄鱼等捕食者；它们也因为身体笨重，可能连续数周都不会离开巢穴。

多头龙的不聪明是出了名的，与体形相比，它们的大脑显得极小。多头龙的每颗头都能够自主活动，其中几颗头在休息时，另外几颗头也可以继续进食。

多头龙会埋伏在河流与内海沿岸“狩猎”，凡是进入其头部活动范围内的东西都会受到攻击。据观察，同一多头龙的头经常自相残杀，导致其中一颗头受伤或死亡。

欧洲公牛多头龙会在冬季挖地洞冬眠，居于亚热带和热带的勒拿多头蛇、那伽和八岐大蛇则全年保持活跃。

历史

多头龙是史上最常出现在艺术作品中的龙族生物之一，几乎各种文化中都有其存在。有多头龙形象的艺术作品数以千计，包括镶嵌画、壁画、绘画、版画、雕塑、中世纪泥金装饰手抄本等。勒拿多头蛇最著名的事件是它与赫拉克勒斯的经典之战。除此之外，还有许多关于多头龙的描述：日本神话中的海神素盏呜尊用清酒灌醉八岐大蛇并将其斩杀；印度的毗湿奴在那伽头上跳舞；《启示录》中著名的七头十角怪兽据说就源自欧洲公牛多头龙的形象。

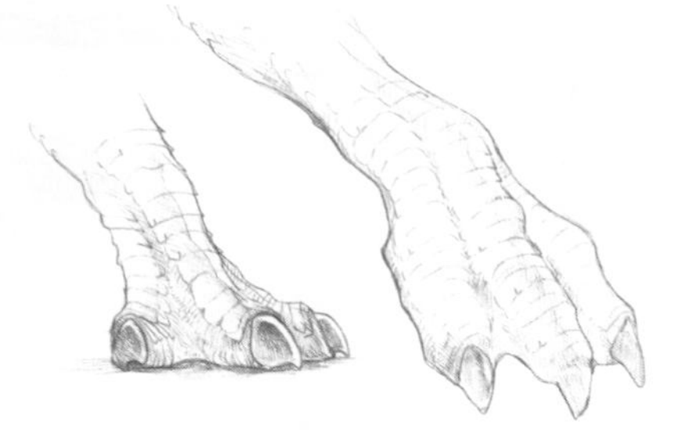

多头龙的爪
由于栖息地泥泞湿软，多头龙需要扁平宽大的爪来支撑其庞大的身躯。

欧洲公牛多头龙

EUROPEAN BULL HYDRA

欧洲公牛多头龙是西方文化中最有名的多头龙，它们体形庞大，有多颗头，并且性情难以捉摸，在许多故事传说中都是英雄的劲敌。这些巨兽的骨骼非常脆弱，所以其遗骸难以保存，百年后便灰飞烟灭，但它们常常出现在艺术作品和故事传说中。

Hydridae rhonus

体　　长： 9米
分布地区： 欧洲、中东、中亚
识别特征： 多股分叉的尾巴
栖 息 地： 温带的水路和湿地
食　　物： 鱼类、其他小型动物
别　　名： 罗讷河多头龙、星龙
濒危等级： 灭绝

欧洲公牛多头龙在游泳

欧洲公牛多头龙在陆地上行动笨拙，却极善游泳。它们在自己的领地上移动时需要频繁地穿越河流，中空的骨骼使它们获得了极大的浮力。

日本多头龙

JAPANESE HYDRA

日本多头龙又名八岐大蛇，在所有多头龙中属于最罕见的物种，曾经一度在日本南部和韩国的河流沿岸繁衍生息。生性胆怯的日本多头龙会在河床上安身，躲在河流附近的岩石和原木下面，在河水中用多颗头捕食小鱼和昆虫。体形较大的日本多头龙可以捕食鸟类、小型鱼类、爬行动物乃至小型哺乳动物。它们的天敌非常少，对日本人来说，它们象征着丰富而又生机勃勃的自然生态系统。

如今，由于工厂、水坝、桥梁的建设，加之九州岛的主要河流筑后川沿岸的工业发展，日本多头龙的自然栖息地大都被破坏了。日本政府在福冈县为八岐大蛇设立了保护区。现在，人们也可以在东京和冲绳的动物园中见到日本多头龙。这些机构已经开始实施龙族物种存续计划，试图将日本多头龙重新引入野外环境。

Hydridae chikugous

体　　长： 3米
分布地区： 日本南部、韩国
识别特征： 亮红色的身体、黑色的斑纹
栖 息 地： 河床
食　　物： 鱼类、小型哺乳动物、爬行动物、鸟类
别　　名： 八岐大蛇
濒危等级： 极危

刻耳柏洛斯多头龙

CERBERUS HYDRA

刻耳柏洛斯多头龙几乎完全是人工繁育的龙族生物。如今有许多龙族生物学家认为，它们根本不是自然物种，而是由多头龙和龙兽杂交而成的。然而，古希腊时期便有刻耳柏洛斯多头龙的相关记载。至于它们是野生物种还是人工选育的结果，或许我们永远都无法知道。

与其他多头龙不同的是，刻耳柏洛斯多头龙能够像猎犬一样吠叫。此外，它们的独特之处在于出生时其便有3颗头，并且以后不会长出新的头。

如今，仅少数富有的收藏家和驯养者将其当成宠物饲养，在世界各地的动物园和自然公园中也有其身影。刻耳柏洛斯多头龙作为斗龙极为出名，世界龙族保护基金会每年都不辞辛苦地查找并阻止那些残忍的斗龙活动。

Hydridae cerebrus

体　　长：2米
分布地区：希腊、阿尔巴尼亚和土耳其
识别特征：矮壮的身体、3颗头
栖 息 地：山丘、草原
食　　物：小型哺乳动物
别　　名：猎卫犬
濒危等级：野外灭绝

美杜莎多头蛇

MEDUSAN HYDRA

美杜莎多头蛇生活在沼泽和潮汐盆地中，它们挖出泥洞以隐藏自己的庞大身躯并捕捉路过的鳗鱼、虾和其他小动物。在某些传说中，美杜莎多头蛇经常被误认成一窝蛇。由于人类的误解与恐惧，它们常遭人类猎杀，几近灭绝。

Hydridae medusus

体　　长：3米
分布地区：地中海盆地、非洲、印度
识别特征：蛇头、蠕虫状身躯
栖 息 地：沼泽和潮汐盆地
食　　物：鳗鱼、虾和其他小动物
别　　名：蛇窝
濒危等级：极危

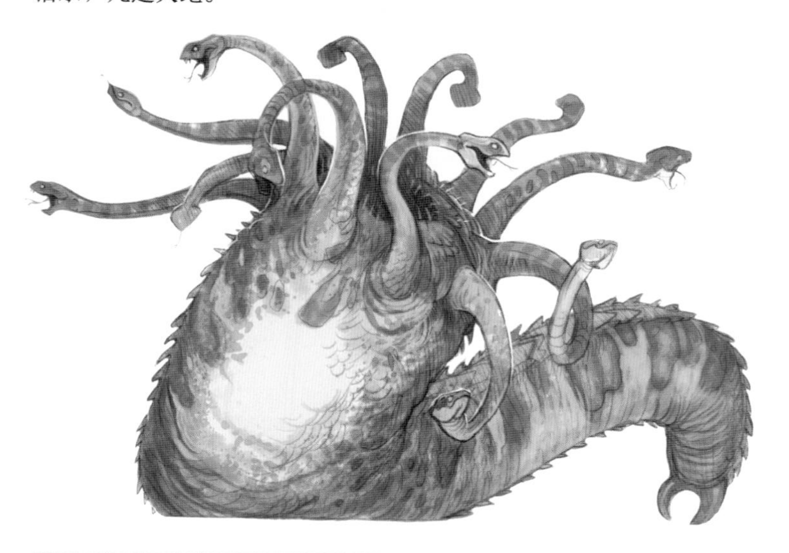

多头翼龙

WINGED HYDRA

多头翼龙为三头飞龙，原产于东欧地区。据悉，它们已于16世纪左右灭绝。

Hydridae wyvernus

体　　长：9米
翼　　展：12米
分布地区：高加索山脉
识别特征：双翼、3颗浅红色的头
栖 息 地：岩石山区
食　　性：不详
别　　名：泽美科里内奇
濒危等级：灭绝

印度多头龙
INDIAN HYDRA

印度多头龙体形庞大，终其一生都在流速缓慢、水质浑浊的河流中游荡。南亚次大陆和东南亚地区的人们都将印度多头龙称为那伽，认为其是繁荣富饶的象征。可能食物充足的河流会吸引印度多头龙。

Hydridae gangus

体　　长：9米
分布地区：南亚、东南亚
识别特征：红色带冠的头
栖 息 地：河流
食　　物：鱼类、小型哺乳动物、爬行动物
别　　名：那伽
濒危等级：濒危

多头海龙
MARINE HYDRA

勒拿多头蛇

LERNAEN HYDRA

勒拿多头蛇生活在大树上，可以将头垂下来捕食。它们能够数小时保持静止，伺机而动。在制服体形较大的猎物时，它们可能要用到所有的头。

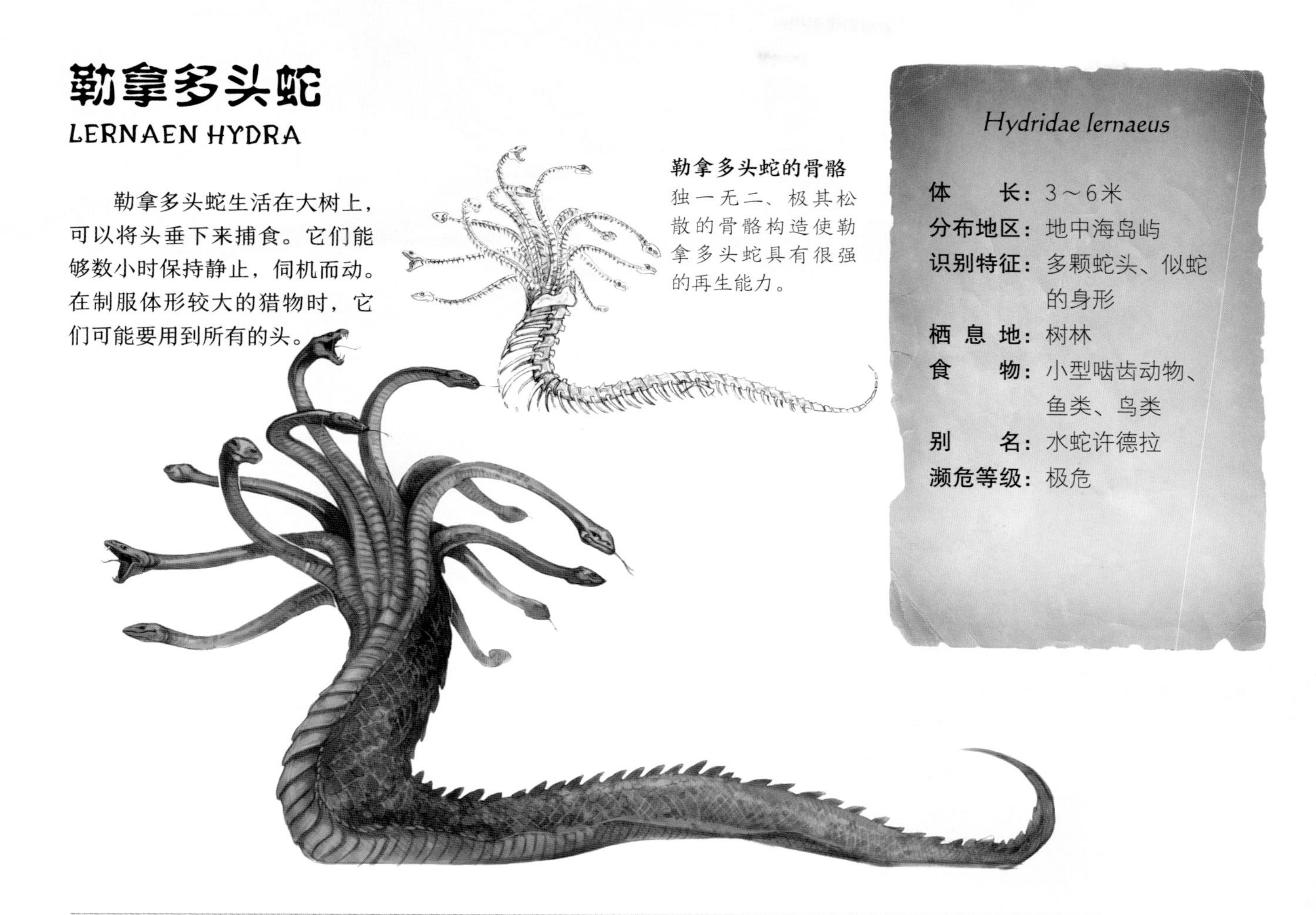

勒拿多头蛇的骨骼
独一无二、极其松散的骨骼构造使勒拿多头蛇具有很强的再生能力。

Hydridae lernaeus

体　　长： 3～6米
分布地区： 地中海岛屿
识别特征： 多颗蛇头、似蛇的身形
栖 息 地： 树林
食　　物： 小型啮齿动物、鱼类、鸟类
别　　名： 水蛇许德拉
濒危等级： 极危

几乎所有多头龙都生活在其捕食的鱼类所在的水体附近，具有不同程度的游泳能力。只有多头海龙终其一生都生活在咸水中，并且能游得很远，只在产蛋时才上岸。它们演化出蹼足和硕大的肝脏以获得更大的浮力，能在南太平洋的热带浅礁中捕捉鱼类和贝类。多头海龙经常与鲨鱼等捕食性动物打斗，利用自身的多颗头保护自己，抵挡攻击。

Hydridae oceanus

体　　长： 6米
分布地区： 美拉尼西亚群岛
识别特征： 生活在海洋中的多头动物
栖 息 地： 咸水水域
食　　物： 鱼类
别　　名： 海洋多头龙、菲氏多头龙
濒危等级： 濒危

索诺兰蛇怪 SONORAN BASILISK
铅笔素描+数字绘画
36厘米×56厘米

08 蛇怪 BASILISK

概 述

生物学特征

有毒的蛇怪分布在世界各地的沙漠中，是最特别的龙族生物之一。

蛇怪不会飞，属于陆生龙。这种多足爬行动物因传说其目光能将猎物变成石头而闻名。数个世纪以来，文学作品和民间传说中都对这种神奇的力量进行了十分夸张的描述。其实，将猎物变成石头的并非其目光，也不涉及任何魔法。与北美角蟾一样，蛇怪眼角有一种腺体能喷射神经毒素，可以麻痹猎物，令其失去防御能力。

不要将龙族蛇怪与南美洲双冠蜥混为一谈。蛇怪与爬行纲的鬣鳞蜥有亲缘关系。

蛇怪的感觉器官与鳄鱼的很像，皮肤高度敏感，它们可以在黑暗中感知猎物和周围环境中的动静。

蛇怪的眼睛
在许多记载中，蛇怪像蜘蛛一样拥有多只眼睛。其实，它们只有一对真眼，还有八对用于感知土地震动和确定猎物位置的孔口。

栖息地
蛇怪住在洞穴中和露岩下，在世界各地的沙漠都可见其踪影。

蛇怪的爪

蛇怪的爪宽大有力，可以在沙土中迅速挖洞。据文献记载，它们每分钟能挖掘多达85升的土，在地下建成复杂的巢穴与隧道。

行为模式

蛇怪是多足动物，行动十分迟缓，善于在地下挖洞，它们会躲在地下洞穴中伏击猎物并躲避酷热。尽管在传说中其以目光杀敌而闻名，但实际上，蛇怪视力很差，几乎什么也看不见，要通过鼻子上那些敏感的孔口寻找猎物。

被蛇怪咬伤也很危险，它们的唾液中含有与眼角腺体中相同的神经毒素。这种危险动物身上有颜色鲜艳的宽条纹，以向体形较大的捕食者表明其含有剧毒。

蛇怪为独居动物。雌蛇怪一次最多可产6枚蛋，平均寿命为20年。

历史

蛇怪原产于阿拉伯半岛和非洲的偏僻沙漠，古代和中世纪欧洲的有关记录零零散散，并不可靠。该时期的动物寓言集将蛇怪与鸡身蛇尾怪（见第5页）混为一谈，这种错误在20世纪早期的记载中也出现过。

蛇怪的栖息地在过去因偏僻荒凉而无人居住。现在随着人类进入沙漠，蛇怪袭击人的事件变得越来越多。在美墨边界的大本德国家公园中，每年都发生近百起蛇怪袭击致人死亡的事件。公园管理员称，由于偏僻地区的袭击事件往往没有通报，所以实际死亡人数可能要比报道的多得多。

蛇怪的蛋，
长20厘米

蛇怪的蛋能经受恶劣环境的考验。

危险的捕食者

蛇怪通常在地下伏击猎物，能够感知到100米开外的动静，所以你在沙漠中徒步旅行时必须格外小心。

索诺兰蛇怪

SONORAN BASILISK

索诺兰蛇怪生活在美国南部和墨西哥，是体形最大、最常见的蛇怪。它们体形庞大，白天很少出现在开阔地带，多半躲藏在岩石间和沙地中。

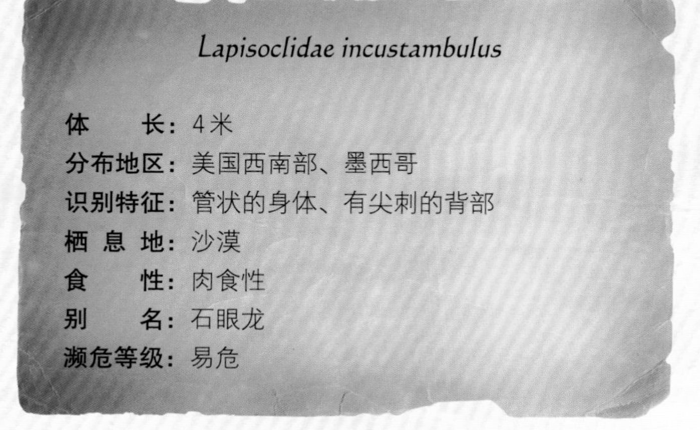

Lapisoclidae incustambulus

体　　长： 4米
分布地区： 美国西南部、墨西哥
识别特征： 管状的身体、有尖刺的背部
栖 息 地： 沙漠
食　　性： 肉食性
别　　名： 石眼龙
濒危等级： 易危

斯切莱茨基蛇怪

STRZELECKI BASILISK

Lapisoclidae yandruwhandus

体　　长： 3米
分布地区： 澳大利亚
识别特征： 粗大的尾巴、短小的前肢
栖 息 地： 沙漠
食　　性： 肉食性
别　　名： 伯克蛇怪、澳洲蛇怪
濒危等级： 濒危

斯切莱茨基蛇怪原产于澳大利亚内陆地区，最早见于英国罗伯特·伯克和威廉·约翰·威尔斯探险队的记载，这支探险队于1860年穿越大洋洲。它们的学名源自澳大利亚斯切莱茨基沙漠和辛普森沙漠的杨德鲁旺达原住民。斯切莱茨基蛇怪在19世纪因英国殖民者猎杀而几近灭绝，20世纪晚期被列为濒危物种，现在已经恢复到可以存续的数量。

撒哈拉蛇怪

SAHARAN BASILISK

撒哈拉蛇怪细而长，行动迅速，擅长捕猎，多潜伏在撒哈拉沙漠沙丘的流沙中，随时准备扑向猎物。它们的身体比近亲索诺兰蛇怪的长，但由于身体纤细，所以它们比索诺兰蛇怪轻。撒哈拉蛇怪经常潜伏在沙子下面感知过路生物造成的震动，伺机捕食。它们骨架很轻，即便在沙子上面行走很远的距离也不会陷进去。

Lapisoclidae solitudincursorus

体　　长： 6米
分布地区： 北非
识别特征： 细长的身形、明显的头冠
栖 息 地： 沙漠深处
食　　物： 蜥蜴、小型哺乳动物
别　　名： 沙漠奔袭者
濒危等级： 濒危

戈壁蛇怪

GOBI BASILISK

戈壁蛇怪又名洞穴蛇怪，是体形最小的蛇怪，原产于戈壁的岩石地带，通常在岩脊和洞穴中生活。它们会连续数周蹲伏在巢穴中，用长长的舌头捕食昆虫、小蜥蜴乃至蝙蝠。与其他蛇怪一样，戈壁蛇怪的视力也很差，通过孔口来探测气压和温度变化以确定猎物的位置。它们的唾液中含有神经毒素，可以用来麻痹猎物和击退捕食者。

Lapisoclidae sagittavenandii

体　　长： 2米
分布地区： 亚洲
识别特征： 长长的卷尾、厚厚的甲板
栖 息 地： 戈壁
食　　物： 昆虫、小型爬行动物和鸟类
别　　名： 飞箭猎手、洞穴蛇怪
濒危等级： 濒危

塔尔蛇怪

THAR BASILISK

塔尔蛇怪为杂食性动物，性情温顺，动作迟缓，几乎不会对人类和家畜构成威胁。它们分布于阿拉伯半岛至印度的沙漠，在沙土中挖洞觅食，主要以植物的根与块茎为食。

丝绸之路的开启使得蛇怪的传说流传至欧洲，进而出现在欧洲中世纪的异兽志里。从波斯帝国、罗马帝国到奥斯曼帝国，塔尔蛇怪都是最受欢迎的捕猎目标。据记载，早在提比略大帝统治时期，塔尔蛇怪就被用来进行角斗，最终导致其于1903年被列为灭绝物种。到了1947年，美国自然科学研究所派出的探险队才在印度西部发现了存活的塔尔蛇怪。

如今，有些栖息地的塔尔蛇怪已经恢复到可存续数量，这都得益于多个保护区和保护组织的努力，并且世界各地动物园也在人工繁育蛇怪方面取得了成功，为成功保护龙族生物做出了贡献。

Lapisoclidae armisfodiensus

体　　长： 2.5米
分布地区： 阿拉伯半岛、印度
识别特征： 高高隆起的背部、从背部延伸到尾部的层层叠叠的大鳞片、短短的尾巴
栖 息 地： 沙漠
食　　物： 块茎、根、菌类、昆虫
别　　名： 阿拉伯蛇怪、拉贾龙、披甲挖掘者、苏丹蛇怪
濒危等级： 极危

埃特纳火龙

AETNA SALAMANDER

数个世纪以来，埃特纳火龙都被人们与西西里岛及岛上雄伟的火山联系在一起，它们喜欢在有新火山灰和松散岩石的地区建造巢穴，人们在火山灰中重建家园时经常与其偶遇。近来，越来越多的埃特纳火龙逐渐迁移到农村地区，有时会导致建筑物施工受阻。

Volcanicertade erumperus

体　　长： 51～76厘米
分布地区： 西西里岛、突尼斯海岸
识别特征： 强壮有力的钳状颌骨
栖 息 地： 活跃地热区
食　　物： 昆虫、小型哺乳动物、橄榄
别　　名： 卡塔尼亚爬行者
濒危等级： 濒危

维苏威火龙

VESUVIUS SALAMANDER

维苏威火龙既能适应水里的生活，也能适应山坡上的生活。它们惯于在意大利西海岸温暖的火山口间穿行，也借助于巨大高耸的背鳍在水流中穿梭，成为第勒尼安海夏季暖水水域的捕食者。在冬季，维苏威火龙会迁徙到温暖的地区进行交配。

Volcanicertade Tyrrhennius

体　　长： 46～56厘米
分布地区： 意大利西海岸
识别特征： 高耸的背鳍、单鼻角
栖 息 地： 岩石海岸
食　　物： 岸禽类、贝类
别　　名： 帆鳍龙
濒危等级： 近危

富士火龙

FUJI SALAMANDER

不要将富士火龙与亚洲龙中的富士龙混为一谈，两者的关系只限于产地相同。富士火龙不喜光，偏爱地热活跃的高温区域。它们会钻到火山和地热喷泉附近的裂缝深处。在日本镰仓时代（1185～1333年）与室町时代（1336～1573年），它们因其肉和骨头有极高的药用价值而颇受青睐。

Volcanicertade aestu ignis

体　　长： 30～36厘米
分布地区： 日本、菲律宾海
识别特征： 粗重似桨的尾巴、硕大的头冠
栖 息 地： 沿海火山
食　　物： 昆虫
别　　名： 骏河火龙
濒危等级： 近危

基拉韦厄火龙

KILAUEA SALAMANDER

基拉韦厄火龙体形很小，体长往往不超过30厘米，通常生活在夏威夷火山等酷热环境中，可以忍受高达430℃的温度。基拉韦厄火龙生活在捕食者无法进入的高温环境中，所以相对比较安全。

Volcanicertade incendiabulus

体　　长： 20～30厘米
分布地区： 夏威夷
识别特征： 喙状嘴、从头部延伸到尾部的层层叠叠的鳞片
栖 息 地： 火山
食　　物： 腐肉
别　　名： 触虫、库克虾蠕虫
濒危等级： 无危

云龙 CLOUD DRAGON
铅笔素描+数字绘画
36厘米×56厘米

09 北极龙 ARCTIC DRAGON

概　述

生物学特征

北极龙包含各种不会飞且长有软毛的龙族生物，身形似蛇，大部分生活在北极圈以内的冻土荒原上，以海豹、小型鲸鱼乃至北极熊为食。北极龙酷似亚洲龙（见第11页），但前者都长有软毛，并且没有后者所特有的褶翼。它们周身覆有厚厚的脂肪和软毛，能与周围的环境融为一体，便于伏击猎物。尽管它们都长有软毛，但还是生了一层错综复杂的鳞片。北极龙的分布范围很广，包括加拿大北部和西伯利亚苔原，有些北极龙也会向南迁徙。

北极龙的头部

栖息地

中国北部、俄罗斯和北美洲的冻土荒原是大多数北极龙的自然栖息地。

北极龙的蛋，长20厘米

入秋后，北极龙会南迁去产蛋，在气候比较温暖的地区过冬。到了春季，幼龙出壳后便随母龙回归北部猎场。

行为模式

在寒冷气候中生存并非易事。北极龙大多都是杂食性动物，能充分利用获得的各种食物。入冬后，体形较大的北极龙会在雪厚的地方建造巢穴冬眠。它们十分狡猾，能够巧妙利用北极雾和山峰上的云层隐藏身形。北极龙视力不佳，靠嗅觉和长须来感知、捕猎，即便在暴风雪天气也可以抓到猎物。它们能够悄无声息地在云层中穿梭，因而在艺术品中常见它们美丽的身影。

北极龙的爪

北极龙的爪很大，趾间有蹼。它们的趾长而有钩，十分适合抓捕猎物。

历史

北极龙的皮毛美丽柔软，并且能够御寒，因此备受人们青睐。北极龙在许多文化中都被视为神兽。风暴龙能够吓退狼和双足飞龙等大型捕食者，所以很多人相信它们会带来繁荣与好运。北极龙在流行文化中扮演着重要角色。电影《大魔域》中的祥龙佛克和动画片《降世神通》中的阿帕可能都是北极龙。这些作品将北极龙塑造成人类的宠物或同伴，但实际上，北极龙是世界上最危险的动物之一。

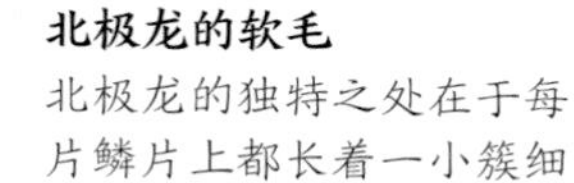

北极龙的软毛

北极龙的独特之处在于每片鳞片上都长着一小簇细毛，这有助于它们在极其恶劣的环境中生存。

白龙

ZMEY DRAGON

这种白色的北极龙曾经数量众多，活动范围曾远至莫斯科。如今，它们的分布范围仅限于中国西部和不丹。白龙是不丹的民族象征，它们的形象也出现在不丹国旗上。它们曾经是高海拔地区主要的龙族生物，但是随着数量逐渐减少，现在已经变得十分罕见。它们的皮毛在黑市中颇受欢迎。虽然当地保护组织已采取措施来保护存留的白龙，但是由于白龙栖息地偏远而又广阔，打击偷猎成了一项几乎不可能完成的任务。

Nimibiaqidae bhutanus

体　　长： 6米
分布地区： 中国西部、不丹
识别特征： 白色带有斑点的身体、突出的颅角
栖 息 地： 高山
食　　物： 麒麟、哺乳动物
别　　名： 独角龙、秋龙
濒危等级： 极危

麒麟

KILIN DRAGON

北极龙中的麒麟为亚洲独有的物种，在体形和栖息地方面与大角羊的类似。

麒麟生活在山区，善攀爬，能够从高处敏捷跃下，从而能捕获猎物或躲避体形较大的捕食者。它们在龙族生物中属于为数不多的群居物种，经常在高山上紧靠在一起取暖。

麒麟生性胆小怕人，神出鬼没，但在许多亚洲文化中它们被视为瑞兽。在亚洲，它们也因与神仙相伴而闻名。居于山中的方士、僧侣或隐士常常会遇见它们，但很少驯养它们。如今，亚洲北部的麒麟数量有所减少，但入秋后人们还是可以看见它们在隘口跳跃。

Nimibiaqidae dracocaperus

体　　长： 1.5米
分布地区： 亚洲
识别特征： 从鼻子延伸到尾部的长鬃毛、长有长毛的蹄
栖 息 地： 山区
食　　性： 杂食性
别　　名： 中国独角兽
濒危等级： 濒危

巨白麒麟

GREAT WHITE KILIN

巨白麒麟十分罕见，神出鬼没，最早于1968年由俄罗斯探险家在偏僻的山区发现并记录，从而它们成为最晚被发现的龙族生物。

如今，巨白麒麟也被认为是最有可能灭绝的龙族生物之一。世界龙族保护基金会与国际龙族保护组织曾不止一次错误地将其列为灭绝物种。据悉，如今最多还有12只野生巨白麒麟存活于世。巨白麒麟的角被视为可治百病的灵丹妙药，有人为其悬赏数百万元。当地的保护组织不遗余力地遏制偷猎，目前还没有任何组织尝试人工驯养和繁育巨白麒麟。

Nimibiaqidae dracocaperus-dujiaoshous

体　　长： 2.5米
分布地区： 中国北部、俄罗斯
识别特征： 白色的斑点、分叉的角
栖 息 地： 高山
食　　性： 杂食性
别　　名： 森林精灵、巨白雄鹿、鲁鲁
濒危等级： 极危

库克龙

COOKS DRAGON

在北极龙中，库克龙是能够抵御严酷气候和人类扩张而存活繁衍的物种之一，最早于1778年由库克船长在第三次前往太平洋和阿拉斯加探险时发现。

库克龙主要以所在地区的麋鹿和北极熊为食，在山间冰穴中建造巢穴。它们喜欢独居，但是会在建造巢穴、孵蛋和抚育幼龙期间与伴侣同居，利用有限的喷火能力为自己的蛋保暖。等幼龙长大可以离开巢穴时，家庭就会解散，家庭成员会各自去寻找新的巢穴。库克龙的平均寿命为100年左右。

Nimibiaqidae kamchatkus

体　　长：2米
分布地区：北太平洋沿岸
识别特征：黑色的身体
栖 息 地：山区
食　　物：麋鹿、北极熊
别　　名：霜龙、黑龙、冬龙、北方龙、楚克奇龙
濒危等级：濒危

云龙

CLOUD DRAGON

云龙体形庞大，不会飞，是真正的北方王者，在龙族中有着至高无上的地位，数量最大的群落分布于格陵兰岛的冰川间。它们十分罕见，但是常常有去过其北部栖息地的水手与探险家讲述关于它们的故事。最新报告显示，有一小群云龙最近刚在拉布拉多半岛定居。

Nimibiaqidae ryukyuii

体　　长：6米
分布地区：日本
识别特征：卷曲的褐色鬃毛
栖 息 地：沿海地区
食　　物：鱼类
别　　名：青龙、绿龙、春龙、东方龙
濒危等级：极危

Nimibiaqidae nebulus

体　　长： 11米
分布地区： 北美洲、北欧
识别特征： 长长的尾巴、灰色的软毛
栖 息 地： 苔原
食　　物： 海豹、鲸类动物
别　　名： 冰雪霸王
濒危等级： 极危

日本北方龙

HOKU DRAGON

日本北方龙曾经在日本群岛繁衍生息，如今只存在于几处偏远栖息地中，受到了严格保护。人口增长、工业发展和战争导致日本北方龙的生存环境遭到破坏，食物来源也随之减少。到了20世纪，日本北方龙数量急剧下降，于1973年成为首批列入濒危名单的物种之一。

风暴龙

STORM DRAGON

风暴龙十分罕见，是北极龙中体形最大的物种。它们的形象经常出现在艺术作品中，象征着繁荣与好运，数个世纪以来都与皇家联系在一起，出现在许多有趣的传说里。风暴龙与云龙为近亲，只是体形更大，身形也更加像蛇。近年来，由于栖息地缩减，风暴龙的数量也有所减少。

祥龙

LUCK DRAGON

祥龙在欧洲南部生活，如今只存在于欧洲南部小岛的一个森林保护区中。

祥龙极喜独居，在野外难以得见。前往该岛观看祥龙的生态旅游非常受欢迎，许多人会向祥龙祈祷和许愿。历史上，有人曾认为神秘的祥龙是森林的守护者。

Nimibiaqidae xishus

体　　长： 5米
分布地区： 欧洲南部
识别特征： 红色的身体
栖 息 地： 山区丛林
食　　物： 鸟类、爬行动物、小型哺乳动物
别　　名： 赤龙、夏龙、红龙、南方龙
濒危等级： 极危

Nimibiaqidae tempestus

体　　长：15米
分布地区：欧洲北部
识别特征：灰色的鬃毛、比躯干长的尾巴
栖 息 地：苔原
食　　性：肉食性
别　　名：国王龙
濒危等级：极危

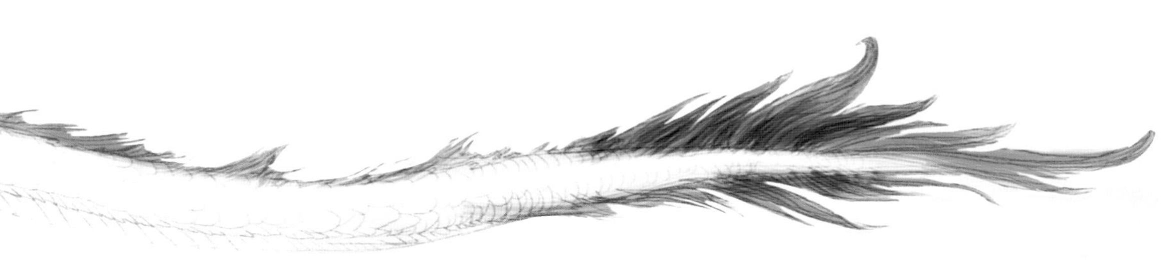

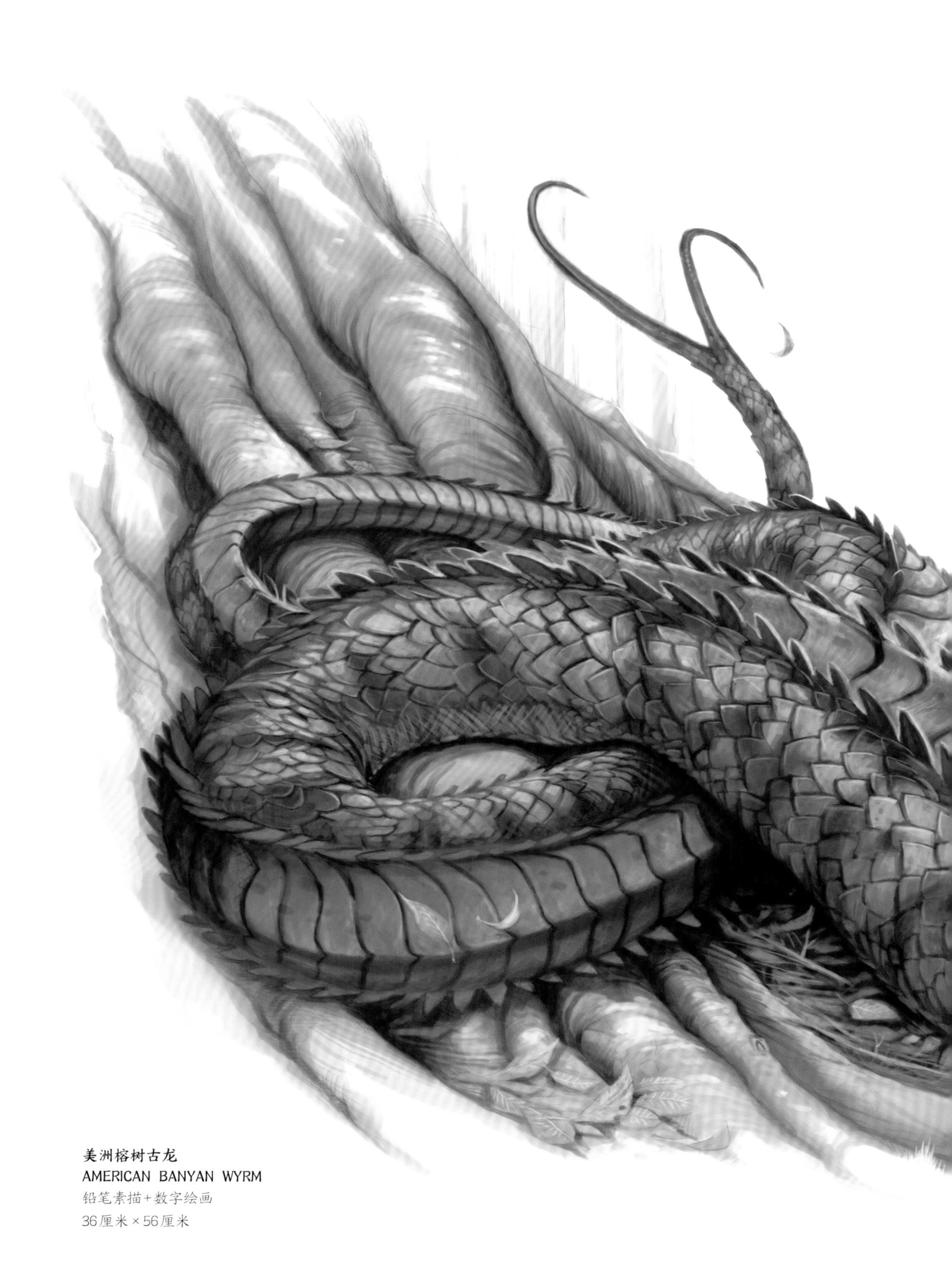

美洲榕树古龙
AMERICAN BANYAN WYRM
铅笔素描+数字绘画
36厘米×56厘米

10 古龙 WYRM

概 述

生物学特征

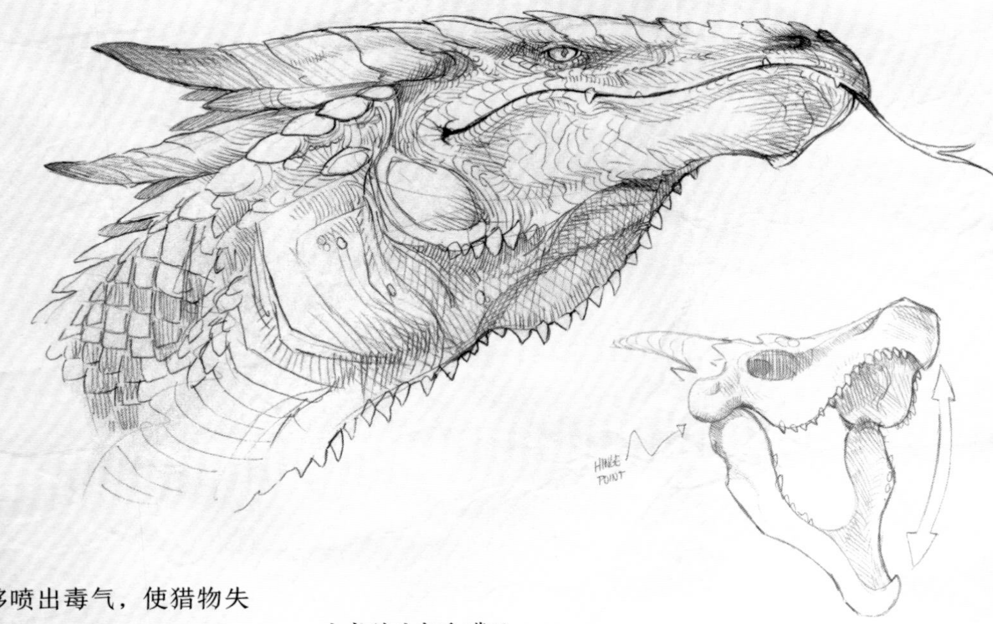

古龙的头部和嘴巴

古龙的嘴巴可以张得很大，能将猎物整个吞下。它们的口鼻部很长，鼻腔很大，且舌头敏感，所以嗅觉十分灵敏。

在龙族生物中，古龙的名声不大好，可能因为它们是各种文化中最令人惧怕的生物。它们大部分既无翼也无腿，酷似披着盔甲的蛇，有的体长可达15米。由于人类大肆捕杀，它们的种类有所减少，现存古龙的平均体长只有8米。它们是鳄鱼和多头龙的天敌，在河岸沼泽与咸水潮坪中生活，以野猪和鹿等大型动物为食。古龙不会喷火，但是能够喷出毒气，使猎物失明、昏迷后，再将其整个吞下。

栖息地

古龙常在温带至热带地区生活，特别喜欢在湿地中伏击猎物。

行为模式

古龙为独居动物，领地意识极强，在江河湖畔的大树根部挖洞建造巢穴，伏击前来水畔觅食的动物。它们可以喷出毒气使猎物昏迷或晕眩，从而有足够的时间紧紧缠住猎物，利用强壮的肌肉将其勒死，然后整个吞下。东方古龙通常悬在树枝上，等待猎物经过。人们曾在大型古龙的胃中发现过家畜残骸。有一项报告曾称，在印度古龙的胃中发现了大象的残骸。

古龙在移动
如图所示，古龙在移动时如蛇般盘绕起来，其身形似鞭。

历史

古龙的蛋，
长25厘米
古龙在树根中产蛋，一窝4～6枚，由雌龙严密守护。

几乎世界各地的文化中都有关于巨蛇的神话。人们认为，古希腊神话中被太阳神阿波罗杀死的巨蟒、北欧神话中的尼德霍格以及伊甸园里的蛇都是古龙。它们全都生活在树上或树的周围，必定对于河边定居生存的早期人类构成了可怕的威胁。还有些传说中的生物也被认为是古龙，比如亚瑟王的寻水兽和吞噬圣玛格丽特的巨龙。古龙在许多艺术作品中都具有精神象征意义，它们的形象多为咬着自己尾巴的蛇，也就是衔尾蛇，象征着无限或生命循环。

如今，欧洲林德古龙已被列为濒危物种，美洲榕树古龙则于美国南部遭到公然猎杀。据悉，非洲条纹古龙和印度古龙每年都造成数百名居住在河边的居民死亡，所以也遭到猎杀和诱捕。古龙皮常用来制作鞋子等。许多古代文明中都将古龙毒液当作圣物，据说饮下者可看见神明。

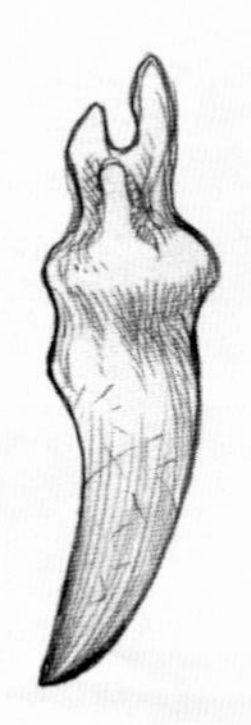

古龙的牙齿，
长8厘米
相对体形来说，古龙的牙齿很小，其作用并不是杀死猎物，而是咬住猎物。

欧洲王古龙

EUROPEAN KING WYRM

欧洲王古龙又称古巨龙，为美洲榕树古龙和欧洲林德古龙的近亲，于15世纪灭绝。据记载，某些欧洲王古龙的骸骨长达30米以上。传说中的兰布顿巨蛇很可能便是这种龙族生物。

Ouroboridae rex

体　　长：30米
分布地区：欧洲
识别特征：蓝色的背脊、红色的眼眶、长须、螺旋状短角
食　　性：肉食性
别　　名：古巨龙、蓝蛇
濒危等级：灭绝

美洲榕树古龙

AMERICAN BANYAN WYRM

美洲榕树古龙在成年后体长可达15米，是美洲短吻鳄的天敌。美洲的原住民很早就知道其存在且对其颇为尊崇。早期西班牙探险家来到现在的美国南部和中美洲后，因其体形和速度而对它们产生畏惧，很快便赋予它们至高无上的地位。如今，它们依然栖息在美国南部广大的沼泽中，不断成为新的故事传说的素材。

Ouroboridae americanus

体　　长： 15米
分布地区： 美国南部、中美洲
识别特征： 深绿色的斑点、明显的颅角
栖 息 地： 沼泽、湿地、河流
食　　性： 肉食性
别　　名： 河口蛇
濒危等级： 无危

美洲榕树古龙的骨骼
美洲榕树古龙的骨骼很像拉长的弹簧或线圈。

非洲条纹古龙
AFRICAN STRIPED WYRM

非洲条纹古龙与其近亲印度古龙一样，体形庞大，领地意识很强，生活在非洲的江河岸边。1873年，英国探险家利文斯通到达非洲后，听到了当地关于河中巨龙的神话传说，他对神话传说进行了研究并留下了有关非洲条纹古龙的最早记载。非洲条纹古龙体形堪比印度古龙，危险程度也与印度古龙不相上下，但是它们的栖息地人烟稀少，所以它们造成的伤人致死事件远比其印度近亲少。

生活在非洲的江河流域的原住民会捕杀非洲条纹古龙，它们的皮、牙齿和毒液备受青睐，肉也是许多原住民的主食。

Ouroboridae kafieii

体　　长：30米
分布地区：非洲中部和南部、马达加斯加
识别特征：橘黄色的身体、黑色的条纹
栖 息 地：湿地、河流
食　　性：肉食性
别　　名：猛虎古龙
濒危等级：无危

亚洲沼泽古龙

ASIAN MARSH WYRM

亚洲沼泽古龙与其古龙近亲一样，也在河岸边或沼泽中安身，它们的背上和退化的爪上长有硬刺，可以在泥泞的河岸上挖洞以便藏身。一旦猎物靠近，它们便伺机将其紧紧咬住，然后整个吞下。

亚洲沼泽古龙的独特之处在于能够在咸水水域中游弋，它们在东南亚的群岛间穿梭，即便遇到海啸和台风等可能摧毁其栖息地的极端天气也能存活下来。

Ouroboridae nahanguisus

体　　长： 15米
分布地区： 东南亚
识别特征： 绿色的身体、多刺、退化的爪
栖 息 地： 沼泽、河流三角洲
食　　性： 肉食性
别　　名： 地狱古龙、深渊古龙、湄公河蝰蛇、那霸古龙
濒危等级： 无危

欧洲林德古龙
EUROPEAN LIND WYRM

数个世纪以来，欧洲林德古龙在生活过的国家一直都是神话传说所描述的对象。据记载，它们的分布范围包括意大利、爱尔兰等，栖息地的温度比其他古龙栖息地的低，所以体形远不如其他古龙的大。欧洲林德古龙可以用退化的爪挖掘洞穴，在其中冬眠。中世纪时期，欧洲气候急剧变化，再加上人类大肆猎杀，导致欧洲林德古龙于1800年左右灭绝。

印度古龙
INDIAN DRAKON

印度古龙是有记载以来最凶猛、体形最大的陆生龙之一。它们身形庞大，体长可达30米，在印度、巴基斯坦和斯里兰卡的河岸边与沼泽里埋伏，捕捉猎物时速度极快，先喷出毒气使其昏迷，再整个吞下。在南亚次大陆，印度古龙伤人致死事件比所有动物的都多，所以它们是世界上对人类来说最危险的龙族生物。

现在严禁运输或繁育印度古龙，但是非法偷猎幼龙并将其作为宠物走私到欧洲和美洲的活动依然十分猖獗。在美国野外发现的印度古龙体形庞大，十分危险，在当地生态系统中已成为美洲榕树古龙的竞争者。

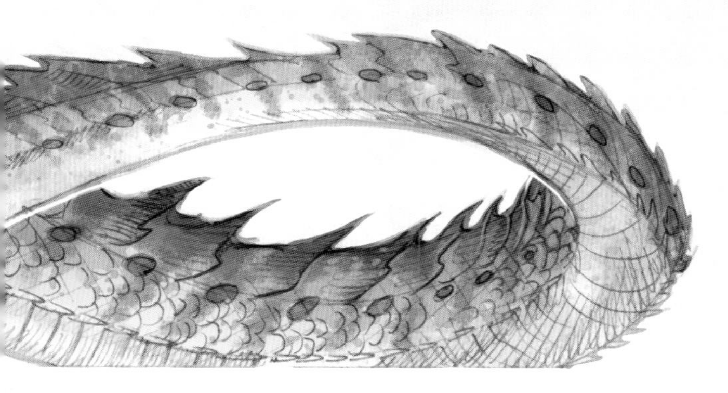

Ouroboridae pedeviperus

体　　长：6米
分布地区：欧洲
识别特征：细长似蛇的身形、很长的口鼻部、退化的爪
栖 息 地：河流、湿地
食　　物：鸟类、蜥蜴、鱼类
别　　名：法夫纳、白虫
濒危等级：灭绝

Ouroboridae marikeshus

体　　长：30米
分布地区：南亚
识别特征：蛇一样的身形、厚重的鳞甲
栖 息 地：湿地、河流
食　　物：牲畜
别　　名：阿贾加里
濒危等级：无危

11 羽蛇 COATYL

南美羽蛇 SOUTH AMERICAN COATYL
铅笔素描+数字绘画
36厘米×56厘米

概　述

生物学特征

羽蛇属于羽龙，长久以来都被生活在其栖息地的原住民奉若神明。羽蛇是种类最少的龙族生物之一，只有几个长有羽毛的无足物种。

埃及羽蛇生活在吉萨金字塔遗址附近，双翼色彩鲜艳，金黄色与蓝绿色相交织。凤凰栖息在波斯和美索不达米亚的遗迹和神庙中，全身为明亮的深红色，羽毛如红宝石般光彩夺目。凤凰蛋的独特之处在于蛋壳很厚，可以避免蛋被捕食者吃掉。小凤凰无法以自己的力量打破蛋壳，必须借由高温的火焰来孵化，看起来就像从火焰中诞生。在蛋的孵化过程中，成年凤凰可能不愿离开巢穴，从而被火焰吞噬。这种孵化方

雄性羽蛇的外表

仅雄性羽蛇长有冠羽和肉垂，用于吸引雌性的注意。

栖息地

南美羽蛇栖息于南美丛林深处，由于栖息地与世隔绝，所以它们比较安全。

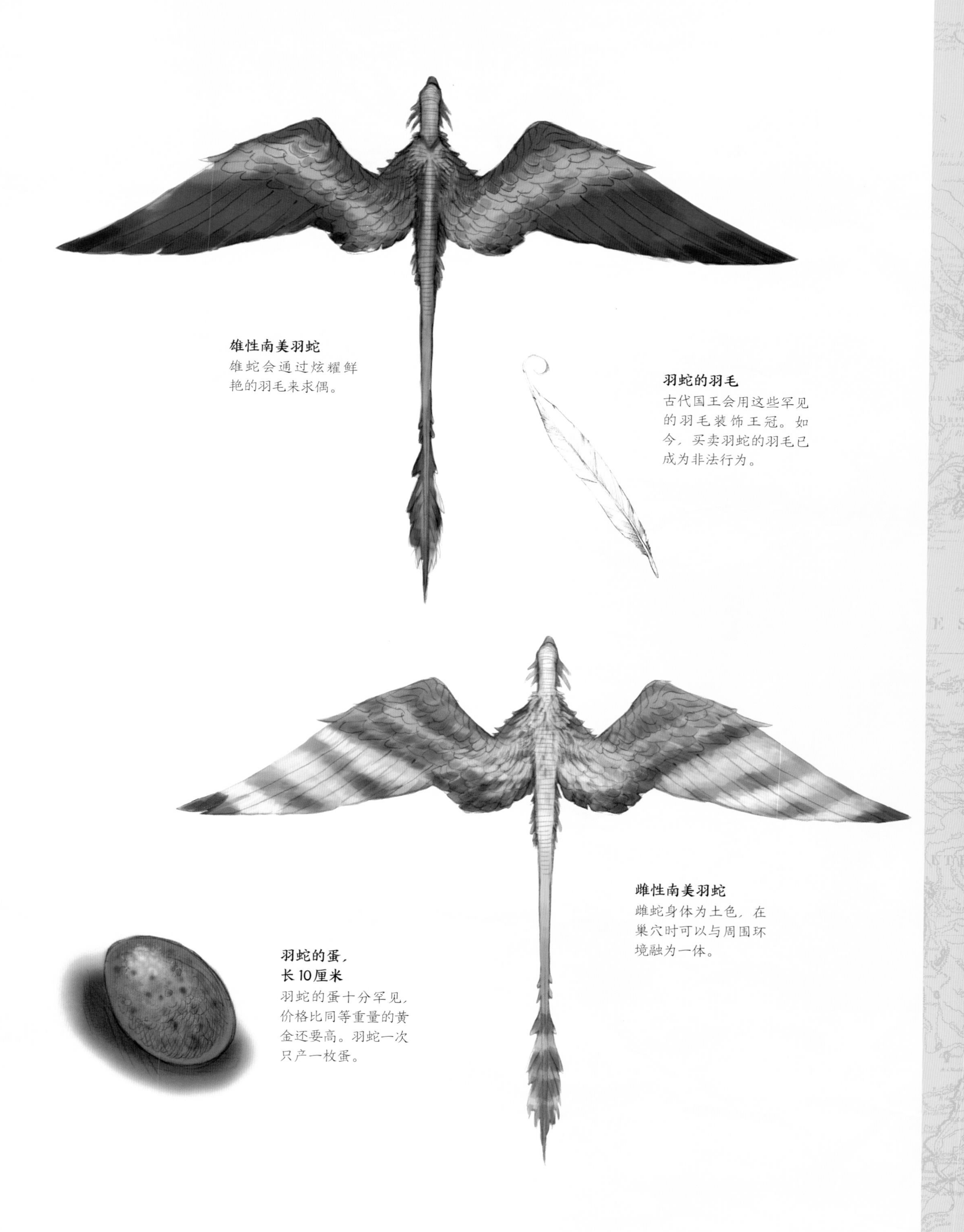
雄性南美羽蛇
雄蛇会通过炫耀鲜
艳的羽毛来求偶。
羽蛇的羽毛
古代国王会用这些罕见
的羽毛装饰王冠。如
今，买卖羽蛇的羽毛已
成为非法行为。
雌性南美羽蛇
雌蛇身体为土色，在
巢穴时可以与周围环
境融为一体。
羽蛇的蛋，
长10厘米
羽蛇的蛋十分罕见，
价格比同等重量的黄
金还要高。羽蛇一次
只产一枚蛋。

法十分危险，导致凤凰极为罕见，有人认为它们已经灭绝。

行为模式

羽蛇从伯利兹到秘鲁都有分布。它们在古阿兹特克和马丘比丘的悬岩和裂缝里建造巢穴，据说与中美洲和南美洲的人们有着神奇的关系。现在，生物学家认为羽蛇与人类其实是共生关系。人类喂养和保护羽蛇并将其奉若神明，而羽蛇帮助人类防治害虫。

数个世纪以来，仅雄性羽蛇才有鲜艳的双翼，所以它们一直都是偷猎者眼中的珍品，这导致羽蛇数量不断减少。羽蛇平均寿命为50岁，雌性一次仅产一枚蛋。

历史

几千年来，羽蛇曾一度被认为只存在于神话中。1513年，西班牙人迭戈·委拉斯开兹·德奎利亚尔最早发现其存在，人工驯养的唯一的南美羽蛇于1979年在利马动物园去世。阿兹特克人相信羽蛇是羽蛇神在人间的化身，羽蛇的学名便源于此。人们也相信羽蛇和1971年在得克萨斯州发现的巨型翼龙有所关联。

阿兹特克和印加帝国曾有大量羽蛇，16世纪时欧洲动物的入侵与疾病的传播导致大批羽蛇死亡，也摧毁了其所在地区的灿烂文化。如今，国际羽蛇基金会正设法让这种古老的生物恢复往日的辉煌。

南美羽蛇

SOUTH AMERICAN COATYL

南美羽蛇身躯巨大似蛇，生有色彩鲜艳的双翼。它们栖息于南美大陆的远古遗迹和丛林中，于19世纪晚期被西方探险家发现。虽然美洲原住民将其奉为圣物，但南美羽蛇还是因其色彩鲜艳的羽毛而遭到捕杀，濒临灭绝。

如今，南美羽蛇已成为受保护物种，但是其栖息地十分广阔，发现和逮捕偷猎者并非易事。

Quetzalcoatylidae aztecus

体　　长： 2米
翼　　展： 2.5米
分布地区： 南美洲
识别特征： 色彩鲜艳的羽毛和头冠、蛇一样的身形
栖 息 地： 丛林、雨林
食　　物： 小型哺乳动物、蜥蜴、昆虫、鸟类
别　　名： 飞镖、天棱镜
濒危等级： 极危

埃及羽蛇
EGYPTIAN SERPENT

埃及羽蛇在尼罗河北部沿岸的绿洲建造巢穴，自古以来便与人类有密切的接触。这种龙族生物很美，双翼有金黄色和蓝绿色斑点，其形象经常见于埃及法老墓中的珠宝上，其学名便由此而来。1922年，在图坦卡蒙的陵墓中发现了一具有3000年历史的埃及羽蛇木乃伊。

如今，开罗动物园中生活着仅存的一对埃及羽蛇。尽管经过反复尝试，这对分别名为安东尼和克利奥帕特拉的羽蛇还是未能繁衍后代，所以有些专家认为它们可能是世界上最后幸存的埃及羽蛇。

Quetzalcoatylidae ramessesii

体　　长： 2米
翼　　展： 2米
分布地区： 埃及
识别特征： 蓝绿色和金黄色的斑点、漂亮的头冠
栖 息 地： 河畔绿洲
食　　物： 小型哺乳动物、昆虫、蜥蜴
别　　名： 法老龙、拉美西斯龙
濒危等级： 野外灭绝

凤凰

PHOENIX

人类最早见到凤凰是在数千年前的美索不达米亚。凤凰与其他羽蛇一样，和居于其栖息地上的人类为共生关系。据古代文献记载，凤凰是新巴比伦国王尼布甲尼撒二世在公元前6世纪建造的空中花园中饲养的珍禽异兽之一。

龙族保护区现在采取了严格的保护措施，国际羽蛇基金会则致力于将人工饲养的幼凤凰放归野外。然而，这种美丽的龙族生物现在数量极少，濒临灭绝。

Quetzalcoatylidae nebuchadnezzarus

翼　　展： 2.5米
分布地区： 亚洲
识别特征： 像蛇一样的身形、亮红色的羽毛
栖 息 地： 棕榈林、河畔绿洲
食　　物： 小型哺乳动物、爬行动物、昆虫
别　　名： 巴比伦龙、吉尔伽美什龙
濒危等级： 极危

英国喷火乘龙 BRITISH SPITFIRE DRAGONETTE
铅笔素描+数字绘画
36厘米×56厘米

12 乘龙 DRAGONETTE

概 述

生物学特征

英姿飒爽的龙骑士堪称最具传奇色彩、最令人兴奋的形象。数个世纪以来，世界各国都出于各种目的繁育乘龙，其中有体形很小的传令乘龙，也有力量强大的战龙。

乘龙为双足行走的龙族生物，后肢强壮有力，前肢短小，用来挖掘与建造巢穴。它们双翼宽大似蝙蝠，飞行时优雅敏捷。一般来说，它们站立时肩高为2米左右，体长为4米，翼展为6米。乘龙原产于开阔平原，属于群居食草动物，智商比体形较大的龙族近亲的低很多。经由人类驯养，如今它们在全世界大部分地区都很常见。人工繁育出的乘龙种类数以百计，花纹和体形各异，有多种用途。

乘龙的头部
乘龙双眼很大，在吃草时可以环视周遭的情况。它们口鼻部很短，牙齿也很小，很适合咬断和咀嚼青草。

栖息地
从澳大利亚的草原到美国西部的台地，乘龙会成群地聚集在岩石峭壁上以保证自身安全。

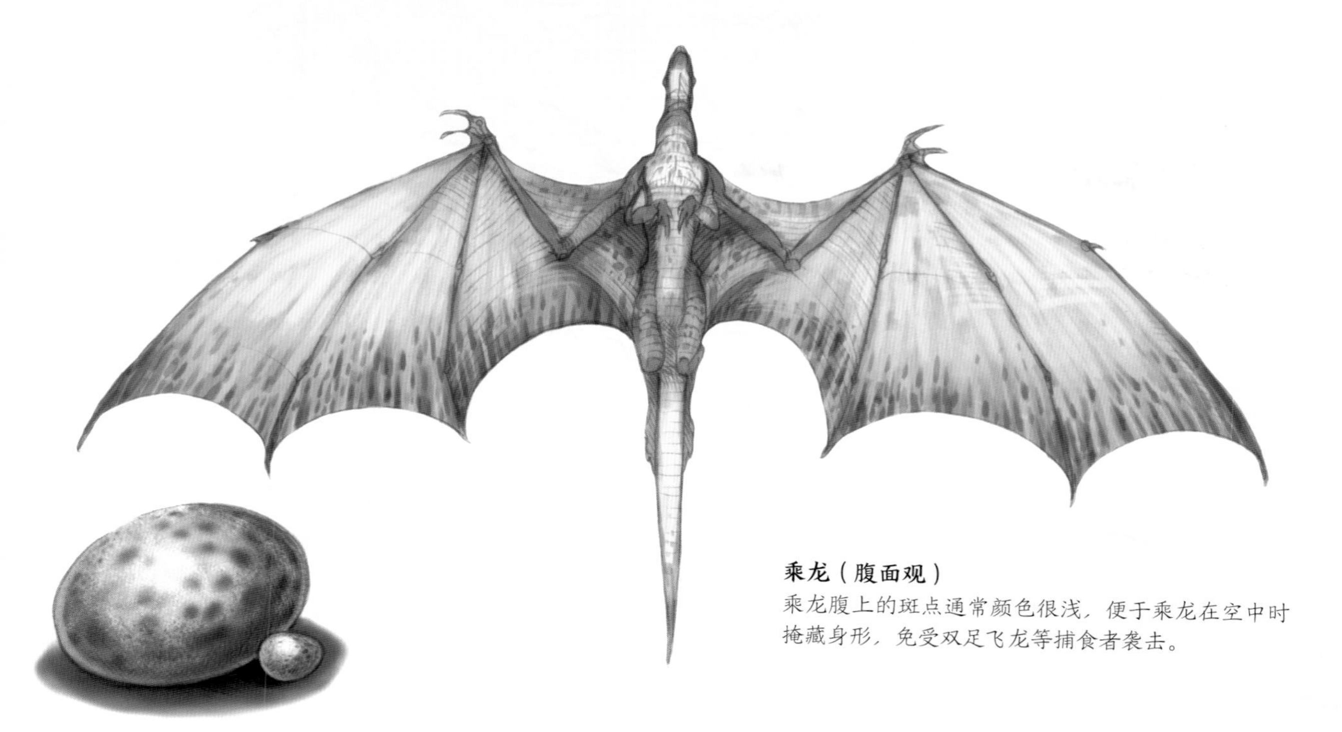

乘龙（腹面观）
乘龙腹上的斑点通常颜色很浅，便于乘龙在空中时掩藏身形，免受双足飞龙等捕食者袭击。

乘龙的蛋，
长25厘米、长38毫米
乘龙的蛋尺寸差异很大，由乘龙体形大小决定。

用乘龙的著名例子。大多数乘龙都被军事指挥官乘坐，用于侦察敌情和传递信息。乘龙在第一次世界大战后由飞机取代，如今只有驯养者和参赛者还在饲养乘龙。

行为模式

在龙族生物中，乘龙的独特之处在于它们是群居动物，一个群体中可有数百名成员。它们性情温顺，通常在美国中部、东欧和澳大利亚的台地和草原建造巢穴。乘龙会因食物和繁殖需求而随季节成群迁徙。

历史

几乎全世界所有地区都可见到乘龙。它们智商不如马，也不如马好训练，但仍被认为是可以代替人工作的物种，早就被用于运输和军事。拿破仑的龙骑兵、英国皇家龙卫队、德国龙兵团和美国乘龙快递服务就是人类利

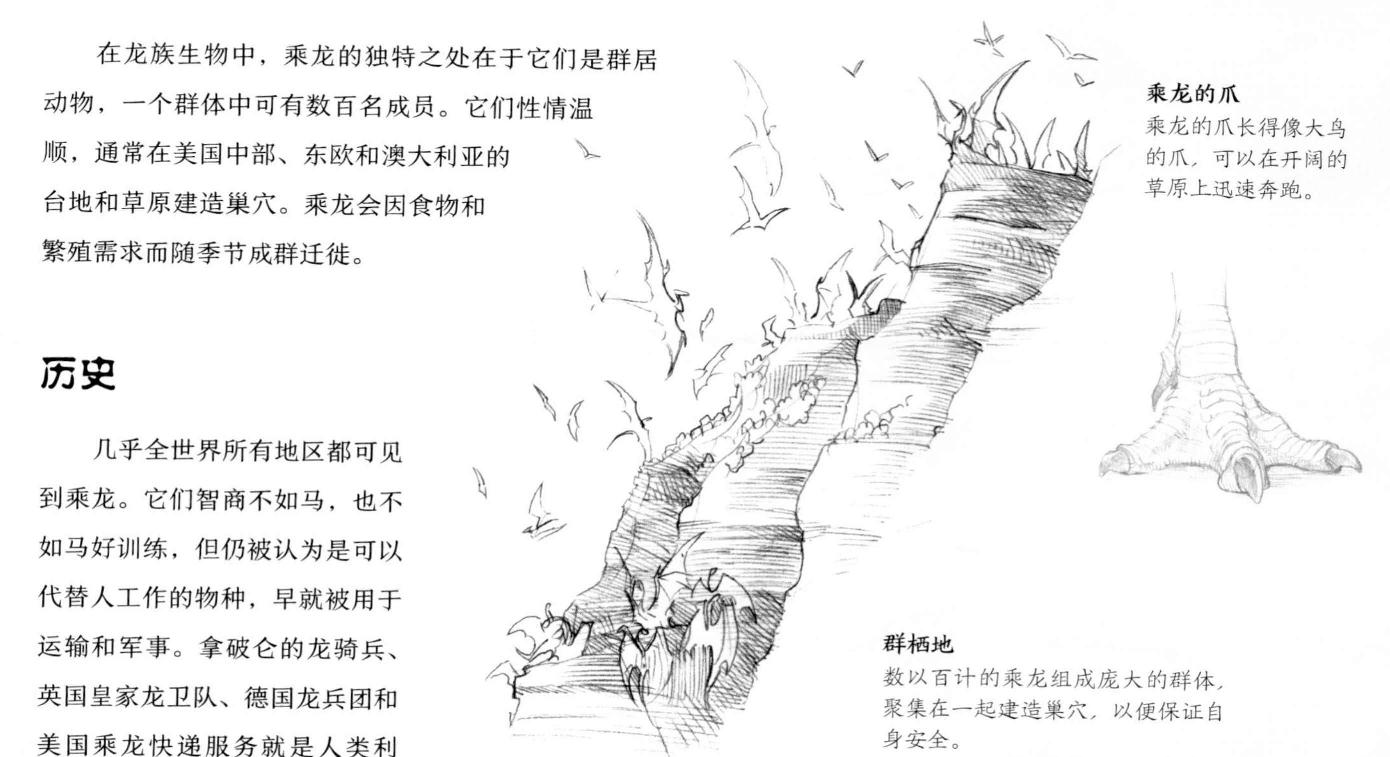

乘龙的爪
乘龙的爪长得像大鸟的爪，可以在开阔的草原上迅速奔跑。

群栖地
数以百计的乘龙组成庞大的群体，聚集在一起建造巢穴，以便保证自身安全。

美洲阿帕卢萨乘龙

AMERICAN APPALOOSA DRAGONETTE

美洲阿帕卢萨乘龙适应力强，于19世纪活跃于美国边境地区，多被美国西部的骑兵和快递服务商使用。它们体形适中，并且容易训练，可执行放牧和运输长途邮件等任务，在当时颇受欢迎。由于阿帕卢萨乘龙的用途增多，19世纪晚期美国组建了103乘龙轻骑兵师，部署在蒙大拿米苏拉堡。

Volucrisidae chyennus

体　　长： 4米

分布地区： 北美洲

识别特征： 浅棕色、很小的头部、明显的尾翼

栖 息 地： 河边丛林

食　　性： 植食性

别　　名： 花斑龙、特拉华漂泊者

濒危等级： 近危

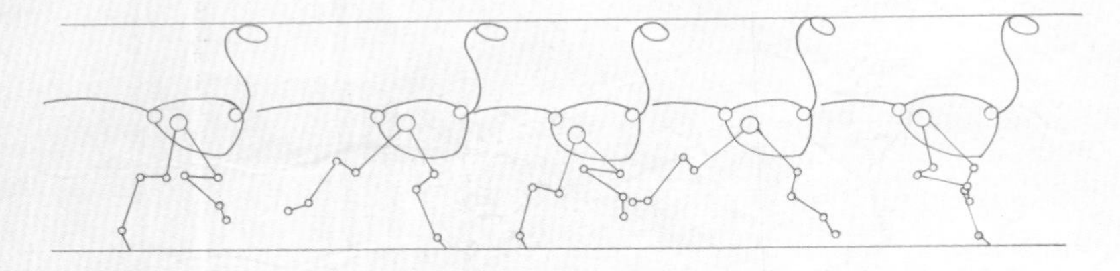

美洲阿帕卢萨乘龙在移动

图中所示为乘龙用有力的后腿奔跑时的样子。注意，它的重心集中在膝部。

传令乘龙

COURIER DRAGONETTE

传令乘龙体形很小，曾在多个世纪用于长距离、快速传送信息，最常见的是在交战时将指挥官的命令传递给前线的部队。它们于美国独立战争期间得到高效利用，大陆军通过当地的传令乘龙维系情报网。

Volucrisidae zephyrri

体　　长： 1米
分布地区： 世界各地
识别特征： 亮红色的外表
栖 息 地： 森林，不过也适应更极端的环境
食　　性： 植食性
别　　名： 波纹龙、飞镖翼
濒危等级： 近危

信差乘龙

MESSENGER DRAGONETTE

在各种乘龙中，信差乘龙与传令乘龙最相似，都用于长距离运送小型包裹和重要文件。它们曾在日本的封建社会时期得到广泛使用，后来传入美国西海岸，于加利福尼亚淘金热时期得到普遍使用。信差乘龙会被特别的东西所吸引，经常收集随着潮水漂来的零碎杂物来建造巢穴。

Volucrisidae vector

体　　长： 1.5米
分布地区： 太平洋沿岸
识别特征： 较小的体形、直立的姿势、蝙蝠耳
栖 息 地： 海岸线、沙滩
食　　性： 植食性
别　　名： 海滩拾荒者
濒危等级： 无危

阿比西尼亚乘龙

ABYSSINIAN DRAGONETTE

这种美丽的纯种阿拉伯乘龙以快速敏捷而出名，由沙漠游牧部落驯养，在中东长久以来都被视为上层社会地位的象征。由于很难捕获，人工驯养的阿比西尼亚乘龙既罕见又珍贵。

Volucrisidae equo

体　　长：4米
分布地区：中东、南亚
识别特征：斑驳的白色身体
栖 息 地：干旱的高原
食　　性：植食性
别　　名：沙漠游龙、伊拉姆之风
濒危等级：极危

韦恩斯福德乘龙

WAYNESFORD DRAGONETTE

韦恩斯福德乘龙是乘龙中的老黄牛，又称夏尔龙，数个世纪以来都用于长距离运送包裹和物资，久而久之便成了颇受欢迎的役畜，地方种群也随之在野外绝迹。现在的韦恩斯福德乘龙仍旧受欢迎，大都是经由人工繁育驯养而来的。

Volucrisidae gravis

体　　长： 5米
分布地区： 北半球
识别特征： 强壮结实的身体、短短的颈部和尾部、暖色调的体色
栖 息 地： 林区
食　　性： 植食性
别　　名： 夏尔龙
濒危等级： 野外灭绝

13 双足飞龙 WYVERN

北美双足飞龙 NORTH AMERICAN WYVERN

铅笔素描+数字绘画

36厘米 ×56厘米

概 述

生物学特征

双足飞龙是最危险、最凶猛的龙族生物之一，有时被称为龙狼。

双足飞龙平均体长9米，翼展9米，生有双足，尾巴末端长有毒刺。它们全身布满鳞甲，可以在搏斗时抵御其他捕食者乃至体形较大的龙族生物。双足飞龙没有喷火或毒液的攻击能力，但是身躯强壮有力，血盆大口中布满利齿，尾刺带毒，堪称劲敌。

双足飞龙的头部

双足飞龙颌骨有力，生有两排利齿，被其咬住的猎物必死无疑。

行为模式

双足飞龙为群居动物，一群最多有12名成员，活动范围覆盖方圆数百千米，成群狩猎大大提高了攻击成功率。它们的狩猎对象有驼鹿、麋鹿、熊、北美驯

栖息地

双足飞龙的栖息地遍布世界各地的高山，亚洲双足飞龙在往西迁之后，已经在阿尔卑斯山脉绝迹。

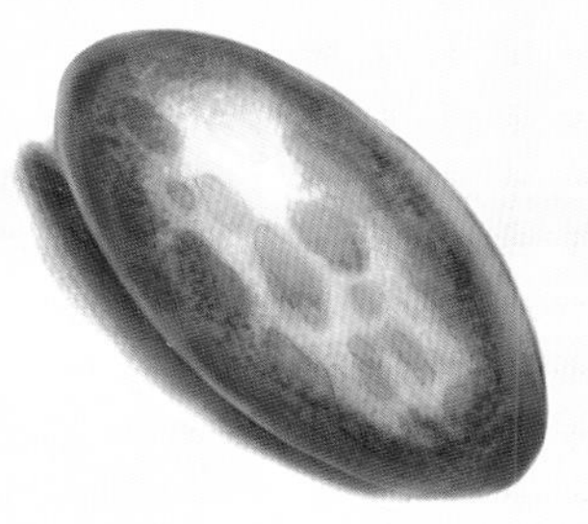

双足飞龙的蛋，
长30厘米
雌龙平均一次产6枚蛋，但能存活至成年的幼龙不足半数。

鹿和其最喜欢的乘龙。不同种群的飞龙也经常展开争斗来夺取丰沃的猎场。

它们多在秋季求偶。在此期间，雄龙双翼上的花纹会变得鲜艳，以吸引雌龙。雄龙之间竞争激烈，经常会以对手死亡而收场。双足飞龙与其他生活在温带的龙族生物一样，也会以冬眠度过食物匮乏的冬季。

历史

在史上有记录的龙族生物伤人事件中，大部分元凶都是双足飞龙。根据以前的记载和出土的艺术品，许多人相信圣乔治杀死的龙并非普通龙族生物，而是双足飞龙。

欧洲双足飞龙在19世纪70年代灭绝，最后幸存的欧洲双足飞龙曾随巴纳姆的马戏团巡回演出。现在，它的标本成了芝加哥菲尔德自然历史博物馆的永久展品。亚洲双足飞龙及其他双足飞龙仍然在繁衍生息。随着栖息地不断受到侵占，每年都有许多双足飞龙袭击致人伤亡报告。

狩猎专家
双足飞龙在广阔的荒野中狩猎，危及人类及家畜。

双足飞龙的足迹
在双足飞龙的狩猎区中，它们的足迹随处可见。若在登山时看到这样的足迹，请立即离开！

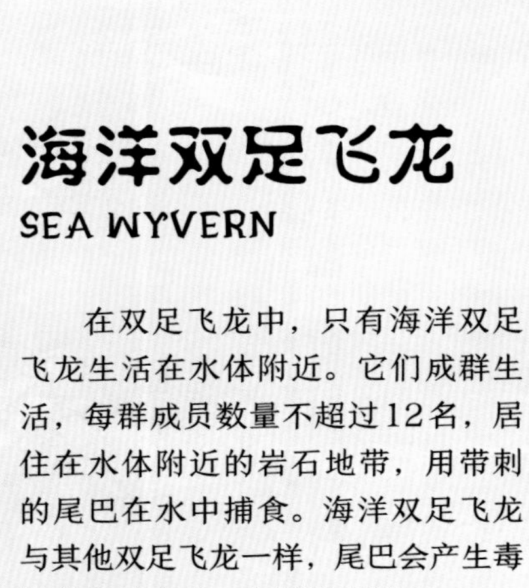

海洋双足飞龙

SEA WYVERN

在双足飞龙中，只有海洋双足飞龙生活在水体附近。它们成群生活，每群成员数量不超过12名，居住在水体附近的岩石地带，用带刺的尾巴在水中捕食。海洋双足飞龙与其他双足飞龙一样，尾巴会产生毒性很低的毒素，主要用于捕鱼。

亚洲双足飞龙

ASIAN WYVERN

亚洲双足飞龙也很危险，人们经常将其与许多在亚洲生活的其他龙相混淆。它们尾巴带刺似鞭，可以击伤猎物，“剑尾”之名便由此而来。它们会用尾巴抽打位于其领地边缘的树木，在树皮上留下刀剑砍过般的痕迹，以此来作为领地标记，向入侵者发出警告。

Wyvernae pocnhmachus

体　　长：6米
分布地区：西亚、印度
识别特征：细长的口鼻部、蓝色的斑点、带刺的尾巴
栖 息 地：江河湖泊、海岸
食　　物：鱼类
别　　名：捕鱼王、尾钓者
濒危等级：濒危

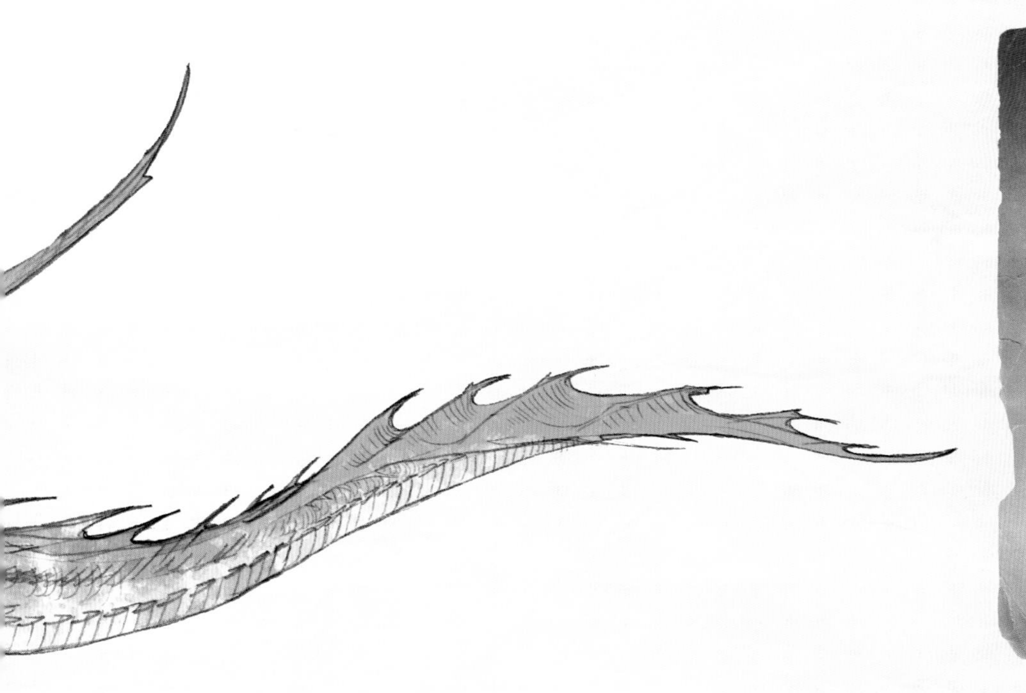

Wyvernae jianwaibaii

体　　长：6米
分布地区：中亚和南亚
识别特征：细长似蛇的身形、明显的褶翼
栖 息 地：山地丛林
食　　性：肉食性
别　　名：剑尾、链鞭
濒危等级：易危

黄金双足飞龙
GOLDEN WYVERN

黄金双足飞龙是繁殖能力较强的双足飞龙之一，栖息地位于东亚和俄罗斯与世隔绝的山上。

它们尾巴粗大，生有尾锤，主要用来在求偶季节驱赶情敌。雄龙尾巴往往比雌龙的大得多，也可用作攻击性武器，上面的毒刺可以麻痹猎物。

它们的口鼻部很短，牙齿锋利，可以撕扯猎物身上的肉。

Wyvernae zolotokhvostus

体　　长：8米
分布地区：东亚、俄罗斯
识别特征：金黄色或棕色的斑点、带刺的尾巴、独特的尾锤
栖 息 地：山区
食　　性：肉食性
别　　名：金尾
濒危等级：近危

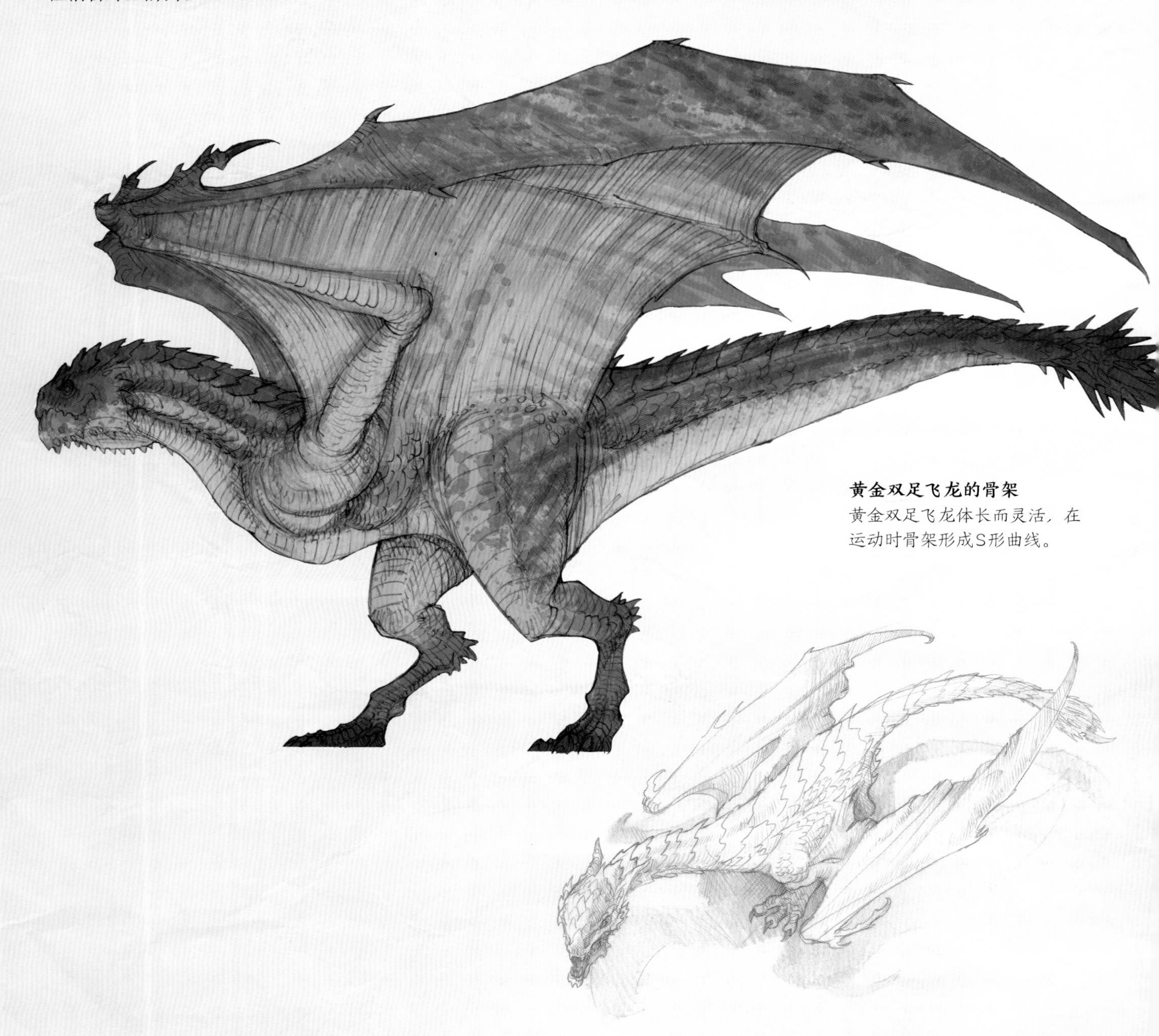

黄金双足飞龙的骨架
黄金双足飞龙体长而灵活，在运动时骨架形成S形曲线。

北美双足飞龙

NORTH AMERICAN WYVERN

北美双足飞龙最早由西方探险家在北美洲的内陆发现，当时它们所展现出的力量令人震惊。它们生活于落基山，对行经此地的移民和西部平原耕种者构成了很大的威胁。但到了20世纪，作为其主要猎物的美洲野牛绝迹，北美双足飞龙的数量也随之下降，人们才可以比较安全地在此地来往。

Wyvernae morcaudus

体　　长： 9米
分布地区： 北美洲
识别特征： 有环状斑点的双翼、多刺的尾巴
栖 息 地： 山区
食　　性： 肉食性
别　　名： 死亡之尾、龙中恶狼
濒危等级： 濒危

北美双足飞龙的尾巴
北美飞龙的尾端布满尖刺，可以刺向敌人，其中还有毒性足以杀死一头公牛的毒刺。

本书献给所有通过《地球龙族图鉴》塑造的世界

而使想象力变得更丰富的读者。

也献给奥康纳一家，献给萨曼莎和玛德琳；

愿你们与龙族一起翱翔。

致　谢

感谢以下诸位对本书的贡献。

第9页　黄金翼蛇的头部

丹・多斯桑托斯

设计与着色

第20页　灵龙

萨曼莎・奥康纳

着色（由威廉・奥康纳设计）

第20页　富士龙

帕特・刘易斯

着色（由威廉・奥康纳设计）

第28页　锤头海怪

理查德・托马斯

着色（由威廉・奥康纳设计）

第29页　褶鳍海怪

大卫・O.米勒

着色（由威廉・奥康纳设计）

第30页　飞海怪

多纳托・詹科拉

设计与着色

第31页　条纹海怪

多纳托・詹科拉

设计与着色

第31页　蝠鲼海怪

杰夫・门杰斯

设计与着色

第83页　伊什塔尔龙兽

杰里米・麦克休

着色（由威廉・奥康纳设计）

第124页　非洲条纹古龙

马克・普尔

设计与着色

第142页　阿比西尼亚乘龙

克里斯蒂娜・迈什卡

着色（由威廉・奥康纳设计）

第143页　韦恩斯福德乘龙

斯科特・费希尔

着色（由威廉・奥康纳设计）

著作权合同登记号 图字：01-2022-2236

图书在版编目（CIP）数据

地球龙族图鉴 /（美）威廉·奥康纳著；孙亚南译. —北京：北京科学技术出版社，2022. 8
（2024.12重印）
ISBN 978-7-5714-2275-2

Ⅰ. ①地… Ⅱ. ①威… ②孙… Ⅲ. ①动物—普及读物 Ⅳ. ① Q95-49

中国版本图书馆 CIP 数据核字（2022）第 067240 号

作者简介

威廉·奥康纳是作家，同时也是插画家，曾为电脑游戏和图书创作过5000余幅插画。他有25年的创作经验，曾与多家知名公司和出版社合作，其中包括威世智公司（Wizards of the Coast）、影响图书出版社（IMPACT Books）、暴雪娱乐公司（Blizzard Entertainment）、斯特灵出版社（Sterling Publishing）、卢卡斯影业（Lucasfilms）、动视公司（Activision）等。此外，他获得过30多项业界大奖，10次获得切斯利奖（Chesley Awards）提名。威廉曾在美国各地授课和演讲，传授其独特的艺术创作技巧。他的作品曾出现在多个展览中，10次入选《光谱：幻想艺术年鉴》（*Spectrum: The Best in Contemporary Fantastic Art*）。

策划编辑：陈 茜
营销编辑：李西卉
责任编辑：张 芳
责任校对：贾 荣
封面设计：异一设计
图文制作：史维肖
责任印制：吕 越
出 版 人：曾庆宇
出版发行：北京科学技术出版社
社 址：北京西直门南大街16号
ISBN 978-7-5714-2275-2

邮政编码：100035
电 话：0086-10-66135495（总编室）
0086-10-66113227（发行部）
网 址：www.bkydw.cn
印 刷：北京捷迅佳彩印刷有限公司
开 本：889 mm × 1194 mm 1/16
字 数：127千字
印 张：10
版 次：2022年8月第1版
印 次：2024年12月第5次印刷

定 价：168.00元